苦 味

味道书院编委会　编著

中国大百科全书出版社

图书在版编目（CIP）数据

苦味 / 味道书院编委会编著 . -- 北京 ：中国大百科全书出版社，2025. 1. --（味道书院）. -- ISBN 978-7-5202-1691-3

Ⅰ . TS207.3-49

中国国家版本馆 CIP 数据核字第 2025AG3525 号

总 策 划：刘 杭　郭继艳

策划编辑：崇 岩

责任编辑：崇 岩

责任校对：邵桃炜

责任印制：王亚青

出版发行：中国大百科全书出版社有限公司

地　　址：北京市西城区阜成门北大街 17 号

邮政编码：100037

电　　话：010-88390811

网　　址：http://www.ecph.com.cn

印　　刷：唐山富达印务有限公司

开　　本：710mm×1000mm　1/16

印　　张：10

字　　数：100 千字

版　　次：2025 年 1 月第 1 版

印　　次：2025 年 1 月第 1 次印刷

书　　号：ISBN 978-7-5202-1691-3

定　　价：48.00 元

总　序

这是一套面向大众、根植于《中国大百科全书》第三版（以下简称百科三版）的百科通俗读物。

百科全书是概要记述人类一切门类知识或某一门类知识的完备的工具书。它的主要作用是供人们随时查检需要的知识和事实资料，还具有扩大读者知识视野和帮助人们系统求知的教育作用，常被誉为"没有围墙的大学"。简而言之，它是回答问题的书，是扩展知识的书。

中国大百科全书出版社从 1978 年起，陆续编纂出版了《中国大百科全书》第一版、第二版和第三版。这是我国科学文化建设的一项重要基础性、标志性、创新性工程，是在百年未有之大变局和中华民族伟大复兴全局的大背景下，提升我国文化软实力、提高中华文化国际影响力的一项重要举措，具有重大的现实意义和深远的历史意义。

百科三版的编纂工作经国务院立项，得到国家各有关部门、全国科学文化研究机构、学术团体、高等院校的大力支持，专家、学者 5 万余人参与编纂，代表了各学科最高的专业水平。专家、作者和编辑人员殚精竭虑，按照习近平总书记的要求，努力将百科三版建设成有中国特色、有国际影响力的权威知识宝库。截至 2023 年底，百科三版通过网站（www.zgbk.com）发布了 50 余万个网络版条目，并陆续出版了一批纸质版学科卷百科全书，将中国的百科全书事业推向了一个新的高度。

重文修武，耕读传家，是我们中国人悠久的文化传承。作为出版人，我们以传播科学文化知识为己任，希望通过出版更多优秀的出版物来落实总书记的要求——推动文化繁荣、建设中华民族现代文明，努力建设中国式现代化强国。

为了更好地向大众普及科学文化知识，我们从《中国大百科全书》第三版中选取一些条目，通过"人居环境""科学通识""地球知识""工艺美术""动物百科""植物百科""渔猎文明""交通百科"等主题结集成册，精心策划了这套大众版图书。其中每一个主题包含不同数量的分册，不仅保持条目的科学性、知识性、准确性、严谨性，而且具备趣味性、可读性，语言风格和内容深度上更适合非专业读者，希望读者在领略丰富多彩的各领域知识之时，也能了解到书中展示的科学的知识体系。

衷心希望广大读者喜爱这套丛书，并敬请对书中不足之处给予批评指正！

《中国大百科全书》编辑部

"味道书院"丛书序

　　味道，是人类与环境世界互动的桥梁之一。它不仅赋予我们美食的享受，也是文化传承、情感交流以及生活体验的重要组成部分。从古至今，人们对味道有着无尽的好奇心和探索欲，"味道书院"丛书便是为满足这种好奇心而诞生。

　　这套丛书将带领读者走进一个丰富多彩的味道世界，探索那些我们日常所熟知的味道背后隐藏的秘密。书中详细解析了酸、甜、苦、辣、咸、香、臭这7种味道是如何被我们的感官捕捉，又是怎样影响着我们的生活选择与健康状态。每一种味道都有其独特的魅力和意义：酸不仅仅是醋的味道，它还能在一杯发酵乳酸饮料中唤醒你的清晨；甜不只是糖的甜蜜，它还是家人团聚时的一块蛋糕带来的温馨；苦不是药物的专利，它能在一杯精心烘焙的咖啡中找到深邃与回味；辣，不仅是辣椒带来的热辣刺激，它还是中国饮食文化中的一个小小符号；咸是大海的味道，它能在一口鲜美的海鲜中让你感受到大自然的馈赠；香不是香水的专属，它还是花朵散发的让你陶醉的芬芳气息；臭不只是臭虫爬过后留下的令人皱眉的异味，它还是特定美食中承载的文化记忆与独特风味。

　　此外，"味道书院"丛书还特别关注现代社会中新兴的味道概念及其应用领域，如甜味剂这类人工调味品的研发进展，以及由谷氨酸等氨基酸引发的海鲜味道是如何被生产出来的，等等。这些内容不仅体现了科学技术的进步，也反映了人们对于愈加丰富多样的味觉体验的追求。

　　为了便于读者全面地了解味道的本质及其在生活中的广泛应用，编委会依托《中国大百科全书》第三版中食品科学与工程、化学、生物学、中医药、园艺学、渔业等多学科的权威内容，精心策划并推出了"味道书院"丛书。采用图文并茂的形式，将复杂的科学知识转化为易于理解的内容，适合广大读者阅读，为读者提供了一个深入了解和全面认识味道科学的平台。

味道书院丛书编委会

目　录

序　苦味　1

第1章　苦味物质　3

胆酸　3

茶多酚　4

烟碱　5

咖啡碱　6

茶碱　6

儿茶素　7

花青素　8

东莨菪碱　9

氯喹　10

龙胆酸　10

水杨苷　11

垂盆草苷　11

苦杏仁苷　12

橄榄苦苷　13

大豆皂苷　14

第2章　苦味食品和作物　17

啤酒　17

啤酒花　22

可可制品　24

咖啡　24

苦瓜 26

苦木 27

苦苣菜 28

莴苣 29

菊苣 30

乌檀 31

黄檗 32

可可 33

蛇胆 34

啤酒酿造 35

第 3 章 苦味药 37

苦杏仁 38

苦楝皮 40

苦参 41

苦豆子 43

黄连 45

黄芩 47

黄柏 49

板蓝根 51

大黄 52

芦荟 55

三七 56

茜草 58

丹参 60

熊胆 62

龙胆 64

陈皮 66

秦皮 67

青蒿 69

儿茶 71

穿心莲 72

桔梗 74

北豆根 76

山豆根 77

金果榄 79

功劳木 80

三颗针 81

两面针 83

青风藤 84

野菊花 85

锦灯笼 87

白鲜皮 88

拳参 89

四季青 91

射干 92

防己 94

姜黄 95

远志 97

千里光 99

栀子 100

雷公藤 102

重楼 104

连翘 106

青葙子 108

油松节 109

伸筋草 111

金铁锁 112

满山红 113

茜草 115

千年健 116

积雪草 117

白芍 119

赤芍 120

路路通 122

大青叶 123

白薇 125

川楝子 126

天仙藤 128

枇杷叶 129

前胡 131

漏芦 133

白头翁 135

鸦胆子 136

绞股蓝 138

侧柏叶 139

紫珠叶 141

骨碎补 142

络石藤 144

白蔹 146

海桐皮 148

序

苦味

苦味是由生物碱、萜类、糖苷类、胆汁等苦味物质引起的味感，是五种基本味觉之一。

植物性食品中常见的苦味物质为生物碱类、糖苷类、萜类、苦味肽、部分氨基酸等；动物性食品常见的苦味物质为胆汁和蛋白质的水解产物等；其他苦味物质有无机盐（钙、镁离子），含氮有机物等。由于苦味物质多为疏水物质，容易吸附在味受体膜上，苦味物质的呈味阈值远低于酸、甜、咸味物质。另外，味受体膜表面带有负电荷，而奎宁类的苦味生物碱在中性条件下多带有正电荷，特别容易吸附于味受体膜上，故其呈味阈值非常低。

苦味是分布广泛的味感，但在调味和生理上都有重要意义。食品中有不少苦味物质，单纯的苦味人们是不喜欢的，但当其与甜、酸或其他味感物质调配适当时，可起丰富或改进食品风味的特殊作用。如苦瓜、莲子的苦味被人们视为美味，啤酒、咖啡、茶叶的苦味也广受欢迎。

苦味物质

胆 酸

胆酸常作为各种 C_{24}- 胆酸的泛称，但严格意义上是牛胆酸的简称。分子式 $C_{24}H_{40}O_5$，分子量408.57。半系统命名为 3α,7α,12α- 三羟基胆 -24- 酸。

胆酸以其与甘氨酸和牛磺酸缀合物的形式（称甘氨胆酸和牛磺胆酸），以钠盐状态存在于牛、羊、猪等的胆汁中。为无色片状物或白色结晶粉末。有苦味，尝后又有些甜的感觉。熔点为198℃。1 克胆酸约溶于 300 毫升乙醇或丙酮，或者 7 毫升冰醋酸，微溶于水。其一水合物为白色片状结晶。

胆酸在牛胆汁中含量较高，因此，20 世纪中叶曾以此为原料生产合成可的松。但在由植物资源薯蓣皂苷元合成甾体抗炎药的简捷路线成功后，以胆酸为原料的合成路线逐渐被淘汰。

胆酸的钠盐水合物可用于治疗感冒、发热、头痛、神经痛、扁桃体炎、支气管炎、风湿性关节炎、药物中毒等，滴眼剂用于治疗急性结膜炎、疱疹性结膜炎、病毒性结膜炎。

利胆药一般可分为利胆剂和增液利胆剂两种。前者指可以促进胆汁分泌的药物，后者指仅增加胆汁容量但并不增加胆汁成分的药物。常用的利胆药物以胆酸类为主，有胆酸钠、去氢胆酸、鹅去氧胆酸和熊去氧胆酸等。胆酸钠又称牛磺胆酸钠、胆盐、牛胆酸钠，为天然胆汁酸的甘氨酸和牛磺酸结合物的混合物钠盐，作用与去氢胆酸相似，临床主要用于治疗胆囊炎、胆道瘘管长期引流者胆汁的不足及脂肪消化不良。此外胆酸钠还可用于治疗天然胆汁的非梗阻性缺乏，帮助脂肪乳化与吸收，以及脂溶性维生素的吸收。

茶多酚

茶多酚是茶叶中多酚类物质的总称，占茶叶干重的 15% ～ 30%。茶多酚包括黄烷醇类、花色苷类、黄酮类、黄酮醇类和酚酸类等，主要成分为黄烷醇（儿茶素）类，占茶多酚总量的 60% ～ 80%。儿茶素类化合物主要包括表儿茶素（EC）、表没食子儿茶素（EGC）、表儿茶素没食子酸酯（ECG）和表没食子儿茶素没食子酸酯（EGCG）4 种物质。茶多酚是形成茶叶色香味的主要成分之一，也是茶叶中有保健功能的主要成分之一。从茶叶中提取的茶多酚抗氧化剂为白褐色粉末，易溶于水、甲醇、乙醇、醋酸乙酯、冰醋酸等。研究表明，茶多酚具有较强的抗氧化作用，酯型儿茶素 EGCG 的还原性为异坏血酸的 100 倍，0.01% ～ 0.03% 时即可起作用。茶多酚还具有抑菌、防治心血管疾病、降血脂、预防肝脏及冠状动脉粥样硬化、抗癌等作用。茶多酚还可吸附食品中的异味，具有一定的除臭作用。此外，茶多酚对食品中的色素具有保护作用，可防止食品褪色。茶多酚还可抑制亚硝酸盐的形成和积累，可用于糕点、畜肉制品加工和食用油贮藏等。茶多酚无化学合成物的潜在毒副作用，安全性高。1989 年，茶多酚被中国食品添加剂协会列入食品抗氧化剂，1997 年被列为中成药原料。GB 2760—2014《食品安全国家标准 食品添加剂使用标准》规定，茶多酚可用于基本不含水的脂肪和油、糕点、焙烤食品馅料及表面用挂浆（仅限含油脂馅料）和腌腊肉制品类，最大使用量为 0.4 克 / 千克（以油脂中儿茶素计）；可用于酱卤肉制品类和熏、烧、烤肉类，最大使用量为 0.3 克 / 千克（以油脂中儿茶素计）；可用于熟制坚果与籽类（仅限油炸坚果与籽类），油炸面制品，即食谷物，包括碾轧燕麦（片）和方便米面制品，最大使用量为 0.2 克 / 千克。茶多酚无化学合成物的潜在毒副作用，安全性高。

烟 碱

烟碱属吡啶类生物碱。俗称尼古丁。分子式 $C_{10}H_{14}N_2$，分子量 162.23。烟碱为难闻、味苦、无色油状液体，易挥发和吸潮。熔点 $-79℃$，沸点 $246℃$（分解）。相对密度 1.0097（20/4℃）。易溶于水、乙醇、乙醚、氯仿和石油醚。在空气中易分解变色。易溶于水生成结晶型复合物，可用来纯化烟碱。烟碱能与各种无机酸（如盐酸、硫酸）和有机酸（如酒石酸、苦味酸）生成结晶的单盐和双盐。

烟碱是一种存在于茄科植物（茄属）中的生物碱，也是烟草的重要成分，通常占烟草中生物碱组分的 90% 以上。烟碱属于高毒类物质，量大时能抑制中枢神经系统，使呼吸停止和心脏麻痹，人一次大量吸食

50 ～ 70 毫克可危及生命。烟碱可以用作药品的原料，高纯度的烟碱可用于戒烟膏和治疗关节疼痛外用药。作为烟草行业的副产物，烟碱可以用作杀虫剂、除草剂以及植物生长调节剂的复合配方。烟碱还是重要的化工原料，经氧化醇化等工艺，可制备烟酸及其系列衍生物。

咖啡碱

咖啡碱属嘌呤类生物碱。分子式 $C_8H_{10}N_4O_2$。存在于茶叶、咖啡和可可中。又称咖啡因。1820 年由法国化学家 P.-J. 佩尔蒂埃发现。重升华制得的咖啡碱为六角形棱柱状晶体；熔点 236.1℃（178℃升华）；溶于水、乙醇、丙酮和氯仿，易溶于吡啶、四氢呋喃和乙酸乙酯，微溶于乙醚和苯。咖啡碱的盐酸盐、硫酸盐、磷酸盐均易溶于水或乙醇，并分解成游离碱和酸。其盐酸盐在 80 ～ 100℃分解，析出水和氯化氢。

咖啡碱主要靠人工合成，或为生产不含（或低含量）咖啡碱的咖啡时的副产品。

咖啡碱具有兴奋中枢神经系统的作用，医药上可用作心脏和呼吸兴奋剂，并为利尿合剂的成分之一。咖啡碱是重要的解热镇痛剂，是复方阿司匹林和氨非加的主要成分之一。美国等国家将咖啡碱大量用作可乐等饮料的添加剂。咖啡碱对人无致畸、致癌和致突变作用。半致死剂量为 200 毫克 / 千克（大白鼠口服）。

茶　碱

茶碱属嘌呤类生物碱。分子式 $C_7H_8N_4O_2$。存在于茶叶中，为可可碱的异构体。1889 年由 A. 科塞尔首先发现。含一分子结晶水的茶碱熔点 274.7℃；能溶于水、乙醇、氯仿、碱类、氨水和稀酸，难溶于乙醚。茶碱经甲基化生成咖啡碱。

氨茶碱是由 2 摩茶碱和 1 摩乙二胺组成的，其分子式为 $(C_7H_8N_4O_2)_2 \cdot C_2H_4(NH_2)_2 \cdot 2H_2O$，为白色或亮黄色颗粒或粉末，味苦；易溶于水，难溶于乙醇和乙醚；暴露在空气中能吸收二氧化碳而析出茶碱。

茶碱具有利尿、兴奋心肌、松弛平滑肌等作用，其半致死剂量为 350 毫克 / 千克（兔口服）。氨茶碱有舒张支气管、胆道平滑肌和冠状动脉的作用，可用于治疗支气管哮喘、胆绞痛和心绞痛等症，其半致死剂量为 540 毫克 / 千克。

儿茶素

儿茶素是黄烷醇（黄烷 -3- 醇）的衍生物。分子式 $C_{15}H_{14}O_6$。半系统命名为 5,7,3′,4′- 四羟基色烷 -3- 醇。又称儿茶精。其具有 2,3 位构型不相同的 4 个异构体构成的多羟基色烷醇衍生物。

儿茶素最初由豆科植物的儿茶中提出。儿茶的心材的水煎干膏习惯称为儿茶膏或黑儿茶，为较常用的中药，其中 (+)- 儿茶素和 (-)- 表儿茶素含量分别为 14.6% 和 23.1%。

儿茶素作为鞣质的前体，广泛分布于植物中，且常与相对应的黄酮类化合物共存。其水溶液受热或在无机酸存在下，容易聚合成无定形鞣质。儿茶素类化合物主要存在于含鞣质的木本植物中，这类化合物也常以糖苷、没食子酸酯等形式存在，环上也会有异戊烯基、苯基等基团取代。茶叶中也曾分离出儿茶素及其酯类衍生物,主要有 (-)- 表儿茶素、(-)- 表没食子儿茶素、(-)- 表儿茶素 -3- 没食子酸酯、(-)- 表没食子儿茶素 -3- 没食子酸酯等。这些化合物分子小,溶于水成真溶液,在水溶液中可被氧化而自身缩合为不同程度的缩合产物,从水溶性的鞣质到不溶性鞣红。当用开水沏绿茶时,开始茶水为黄绿色澄清液,放置过夜后转为黄棕色浑浊的溶液,即鞣质前体变为缩合鞣质所致。

(+)- 儿茶素从水 / 醋酸溶液结晶得含结晶水的针状结晶,熔点 93 ～ 96℃,无结晶水的结晶熔点 175 ～ 177℃,(-)- 表儿茶素熔点 242℃。

(+)- 儿茶素药理研究显示能促进肝脏能量代谢,稳定细胞膜,保护肝组织,对急性病毒性肝炎及中毒性肝炎有预防和治疗效果。由此也表明它与其他多酚类化合物一样,是一种良好的自由基清除剂。儿茶素也常作为天然产物黄酮类化合物中一类具有黄烷 -3- 醇(色烷 -3- 醇)基本结构化合物的类名。

从生源合成考虑,因儿茶素一类的黄烷醇(黄烷 -3- 醇)经花青素合成酶作用可生成花青素,故有文献称儿茶素为原花青素(proanthocyanidin)。

花青素

花青素是具有色原烯氧正离子结构并带有含氧取代基的黄酮类化合物。又称花色素。其分子中高度共轭,有多种互变异构的形式。

花青素存在于植物的花、果、叶和茎内,呈红、紫或蓝等显著颜色。由植物中分离到的花青素分子中,多数 3 位带有羟基,且常与葡萄糖、鼠李糖、半乳糖以及某些戊糖缩合成花青素苷（anthocyanin）。从植物中已分得数百种花青素苷，但形成苷的花青素苷元仅 17 种。 如从矢车菊分得的矢车菊素（cyanidin）中 3,5 位羟基与两分子葡萄糖缩合形成的矢车菊双苷。

花青素和花青素苷类大多可溶于水、乙醇等亲水性溶剂，不溶于乙醚、苯、氯仿等。其水溶液随 pH 改变而表现出不同的颜色，碱性时呈蓝色，酸性时呈红色。常用作天然色素。

东莨菪碱

东莨菪碱属莨菪烷类生物碱。分子式 $C_{17}H_{21}NO_4$。存在于茄科植物中。1892 年 E. 施密特首先从东莨菪中分离得到。

东莨菪碱常温下是黏稠糖浆状液体，味苦而辛辣。水合东莨菪碱为针状结晶，熔点 59℃。易溶于乙醇、乙醚、氯仿、丙酮和热水，微溶于苯和石油醚，可溶于冷水。东莨菪碱与多种无机酸或有机酸生成结晶盐。在稀碱中易消旋化生成 D,L- 东莨菪碱，失去光学活性。与氯化汞反应生成白色沉淀。其氢溴酸盐熔点 195℃。

东莨菪碱可从洋金花中提取。洋金花中药麻醉剂即源于公元 2 世纪中国名医华佗的麻沸散，其有效成分就是东莨菪碱。

东莨菪碱可阻断副交感神经，也可用作中枢神经系统抑制剂，作用较强、较短暂。它的氢溴酸盐临床用于麻醉镇痛、止咳、平喘，对晕动症有效，也可用于控制帕金森氏综合征的僵硬和震颤。

氯　喹

氯喹属喹啉类生物碱。分子式 $C_{18}H_{26}ClN_3$。氯喹为白色结晶性粉末，味苦；熔点 87℃，密度为 1.1±0.1 克 / 厘米 ^{3}，闪点为 232.3±27.3℃；易溶于有机溶剂，难溶于水。其磷酸盐为白色结晶性粉末，熔点 192 ～ 195℃，味苦，无臭，遇光渐变色；易溶于水，不溶于乙醇、乙醚等有机溶剂。

氯喹为 1934 年德国科学家人工合成的第二代抗疟药物，由 4,7- 二氯喹啉与 1- 二乙胺基 -4- 氨基戊烷缩合而得。主要用于疟疾急性发作，能根治恶性疟；此外，还用于阿米巴肝脓肿、肺吸虫病、肝吸虫病和某些自身免疫性疾病。半数致死量 330 毫克 / 千克。

羟氯喹为氯喹衍生物，以硫酸盐的形式给药，易溶于水。其抗疟作用与氯喹一样，但毒性仅为氯喹的一半。二者皆具有抗炎和免疫调节作用。

龙胆酸

龙胆酸是一种多羟基酸，是水杨酸经肾代谢之后的次要产物（1%）。标准名为 2,5- 二羟基苯甲酸，分子式为 $C_7H_6O_4$。

龙胆酸可由龙胆科植物龙胆的根茎经干燥、堆积进行自然发酵，使其分解后用水或乙醇浸提制得。工业上通过氢醌的科尔贝－施密特反应制备而得。

龙胆酸可用作食品抗氧化剂，用于油炸食品，也可作为苦味调味剂用于特色菜肴的制作；在制药工业中可用作抗氧化赋形剂。龙胆酸还是基体辅助激光解吸电离质谱（MALDI-MS）中常用的基体。

水杨苷

水杨苷属酚糖苷类化合物。分子式 $C_{13}H_{18}O_7$。系统命名 2-(羟甲基) 苯基 -β-D- 吡喃葡萄糖苷。又称柳醇、水杨素。

水杨苷广泛存在于杨柳科植物的树皮和叶子中。纯的水杨苷为白色结晶，味苦。熔点 207℃。1 克水杨苷可溶于 23 毫升水，3 毫升沸水（水溶液呈中性）或 90 毫升乙醇，能溶于碱溶液或冰醋酸，不溶于乙醚、氯仿。水杨苷的酚羟基糖苷键对酸或葡萄糖水解酶敏感，因此经稀酸或苦杏仁酶处理会发生糖苷键的断裂而生成葡萄糖和水杨醇。水杨醇的分子式为 $C_7H_8O_2$，为斜方无色针晶；熔点 87℃，热至 100℃ 升华；可溶于水、苯，易溶于乙醇、醚、氯仿；遇硫酸呈红色。

水杨苷在食品行业可作为膳食补充剂及减肥食品使用；在化妆品行业作为添加剂用以缓解皮肤红肿，去除老化角质，抑制粉刺以及减少头皮屑等；作为药物具有解热镇痛作用，过去曾用于风湿病的治疗，已被其他药物替代。

垂盆草苷

垂盆草苷是氰基取代的烯丙基双醇单 β-D- 吡喃葡萄糖苷，分子式 $C_{11}H_{17}O_7$。1979 年由中国科学家方圣鼎等从景天科植物垂盆草中分离得到。垂盆草苷为无色透明胶状物，味苦。极易溶于水。不稳定，100℃ 以上受热易分解。对酸、碱以及葡萄糖水解酶敏感，用苦杏仁酶处理可引起糖苷键的断裂而得到 D- 葡萄糖；用碱处理则可发生分子内迈克尔加成反应而定量转化成异垂盆草苷。

垂盆草苷对 α- 萘酚试剂呈阳性反应，不能还原费林溶液，用酸水解后则具有还原性。垂盆草苷五乙酰衍生物为针状晶体，熔点 79 ～ 80℃。

垂盆草苷是垂盆草抗炎活性的有效成分，动物模型试验表明其对四氯化碳性肝损伤具有明显的保护作用。不仅如此，垂盆草苷在大剂量使用时对小鼠的细胞免疫具有明显的抑制作用。

苦杏仁苷

苦杏仁苷是存在于杏、桃、李等蔷薇科植物中的氰苷类化合物，是由龙胆二糖（gentiobiose）和苯乙醇腈（mandelonitrile）组成的双糖苷。经 β- 葡萄糖苷酶（β-D-glucosidase）和醇腈酶（oxynitrilase）水解后可生成 2 分子葡萄糖、苯甲酸和氢氰酸。分子式 $C_{20}H_{27}NO_{11}$，相对分子质量 457.43。

无水苦杏仁苷为白色晶体，熔点约 220℃，熔化后再凝固的熔点为 125 ～ 130℃。极易溶于沸水，溶于水、热乙醇，不溶于冷乙醇和乙醚。具有苦味，水溶液呈中性反应。苦杏仁苷的三水化合物呈正交晶柱状，熔点为 214 ～ 216℃。

苦杏仁苷分布广泛，在蔷薇科植物种子中含量最高，最早从扁桃和杏仁中分离得到。植物体内的苯丙氨酸经代谢产生苦杏仁苷，存于液泡中，受破坏时被细胞壁中的酶类分解产生氢氰酸，起保护作用。

苦杏仁苷是中药苦杏仁中的主要活性成分。微量水解产生的氢氰酸可镇静呼吸中枢，缓解较浅较急的喘息状态，使呼吸加深变慢，咳嗽减轻，起镇咳平喘的作用。有研究认为苦杏仁苷可提高机体免疫能力，但药理研究较少。还有研究表明苦杏仁苷具有抗纤维化和抗氧化的作用，但仅限对离体细胞。其治疗和预防癌症的作用一直存在争议。

苦杏仁苷本身无毒，但经过酶解或酸解后可产生氢氰酸而致毒。大量口服苦杏仁苷，其代谢产生的氢氰酸可使组织细胞呼吸受阻，导致死亡；长期少量食用也可能产生神经毒害。

橄榄苦苷

橄榄苦苷是从木樨科木樨榄属常绿乔木油橄榄果实（又称齐墩果）或叶部位提取分离得到的苯酚类裂环烯醚萜苷类化合物。分子式 $C_{25}H_{32}O_{13}$。

1908 年，意大利学者 F.B. 鲍尔和 F. 图蒂在油橄榄果中发现的橄榄苦苷，被认为是橄榄油中的一种苦味素。1960 年，法国学者帕尼齐等从橄榄苦味成分中分离出橄榄苦苷。1970 年，日本学者井上等从日本女贞树（*Ligustrum japonicum*）中分离纯化并鉴定了橄榄苦苷。

橄榄苦苷为无色晶体或粉末，味苦，熔点 87～89℃。易溶于乙醇、丙酮、吡啶等，可溶于水、丁醇、乙酸乙酯等，不溶于乙醚、三氯甲烷、苯和四氯化碳。橄榄苦苷极易受空气、阳光、酸、碱、氧化剂、过渡金属离子、长时间高温等因素的影响，发生氧化、缩合、螯合等反应而遭受破坏，尤其是在酸、碱和酶的作用下易降解为羟基酪醇和榄香酸。

橄榄苦苷广泛存在于木樨科木樨榄属、丁香属、女贞属、木樨属和茉莉属植物中，已从 25 种以上木樨科植物中分离鉴定出橄榄苦苷。橄榄苦苷在油橄榄果及叶中的含量较其他植物高，尤其在油橄榄叶中含量最高可达 10%～17%，其含量与树种、树龄、产生部位、生长月份、干燥方式及生长环境等因素相关。橄榄苦苷可采用溶剂浸提法、微波辅助提取法、超声波辅助提取法、超临界二氧化碳流体萃取法等方法制备。

橄榄苦苷具有抗氧化、抗菌、抗炎、抗病毒、降血糖、抗癌等作用。作为抗菌剂和软体动物清除剂，能减少细胞中因离子诱导的脂质过氧化作用而产生的丙醛酸，抑制角叉菜胶及蛇毒引起的水肿。以油橄榄叶或油橄榄果中提取加工得到的橄榄苦苷含量为 10%～40% 的提取物，已应用于化妆品和食品补充剂。水溶性橄榄苦苷提取物主要用于护肤品，可保护皮肤细胞不受紫外线伤害，有效维持肌肤的柔嫩和弹性，具有护肤、嫩肤的功效。

大豆皂苷

大豆皂苷是一类从大豆或豆类种子中提取的化合物。又称大豆皂甙。大豆皂苷为固醇类或三萜类化合物的低聚配糖体。由低聚糖和齐墩果型三萜缩合而成，低聚糖链包括 6 种单糖，分别为 β-D- 葡萄糖醛酸、β-D- 葡萄糖、β-D- 半乳糖、β-D- 木糖、α-L- 阿拉伯糖和 α-L- 鼠李糖。已分离鉴定约 18 种，按苷元结构不同可分为 A、B、E 和 DDMP 类。为无色或乳白色粉末，具有微苦味和辛辣味，相对分子质量 800～1400，溶于水，不溶于有机溶剂。

制备方法有正丁醇萃取法、大孔树脂吸附法、铅盐沉淀法等，高纯度大豆皂苷的分离提取比较困难，尚未工业化生产。

具有溶血作用，被视为抗营养因子，不利于人类健康。随着研究的深入，发现大豆皂苷毒副作用很小，具有降血脂、抗氧化、抗癌、抗病毒、抗血栓、免疫调节等生理作用。

大豆皂苷可作为乳化剂、起泡剂用于啤酒、泡泡糖等食品，可作为降低胆固醇和血脂的活性成分用于治疗心血管疾病的药物，未来有巨大研究价值。

第 2 章

苦味食品和作物

啤 酒

啤酒是以麦芽（包括特种麦芽）为主要原料，加啤酒花，经酵母发酵酿制而成的含二氧化碳的起泡低酒精度（体积分数 2.5% ～ 7.5%）发酵酒。

国际上的啤酒大部分均添加辅助原料。但德国除制造出口啤酒外，中国销售啤酒一概不使用辅助原料。啤酒具有独特的苦味和香味，营养丰富，含有各种人体所需的氨基酸及多种维生素（如维生素 B1、B2、B6）以及矿物质等。

◆ 发展简况

已知最古老的酒类文献，是公元前 6000 年左右巴比伦人用黏土板雕刻的献祭用啤酒制作法。公元前 4000 年美索不达米亚地区已有用大麦、小麦、蜂蜜制作的 16 种啤酒。公元前 3000 年起开始使用苦味剂。啤酒的酿造技术是由埃及通过希腊传到西欧的。中世纪以前，啤酒多由妇女在家庭酿制。到中世纪，啤酒酿造已由家庭生产转向修道院、乡村的作坊生产，并成为修道院生活的一项重要内容。在中世纪的德国，啤酒酿造业主结成强大的同业公会。使用啤酒花作苦味剂的德国啤酒也已输往国外，不来梅、汉堡等城市因此而繁荣起来。19世纪初，英国的啤酒生产工业化，年产量达2万千升。在美洲大陆，17世纪初由荷兰、英国的新教徒带入啤酒技术，1637年在马萨诸塞建立最初的啤酒工厂。不久，啤酒工业迅速发展，使美国成为超过德国的啤酒生产大国。1881年，E.C.汉森发明酵母纯粹培养法，使啤酒酿造科学有了飞跃的进步，由神秘化和经验主义走向科学化。啤酒已成为全世界消费量最大的酒种。

在中国，1900年俄国人在哈尔滨首先建立乌卢布列希夫斯基啤酒厂；1903年德国人和英国人合营在青岛建立日耳曼啤酒公司青岛股份公司（青岛啤酒厂前身）。此后，不少外国人在东北和天津、上海、北京等地建厂。如上海斯堪的纳维亚啤酒厂（原上海啤酒厂前身）建于1920年，哈尔滨啤酒厂建于1932年，上海怡和啤酒厂（原华光啤酒厂前身）建于1934年，沈阳啤酒厂建于1935年，北京啤酒厂建于1941年等。中国人最早自建的啤酒厂是1904年在哈尔滨建立的东北三省啤酒厂、1914年建立的五洲啤酒汽水厂、1915年建立的北京双合盛啤酒厂、1920年建立的山东烟台醴泉啤酒厂（烟台啤酒厂前身）、1935年建立的广州五羊啤酒厂（原广州啤酒厂前身）。1949年以前，全国啤酒厂不到10家，产量不足万吨。1949年后，中国啤酒工业发展很快，并逐步摆脱原料完全依靠进口的落后状态。1979年产量达51万千升，1986年产量达400万千升，1992年起超过1000万千升，1999年超过2000万千升。2018年中国的啤酒产量为3652.1万千升。

◆ **啤酒原料**

啤酒的原料为大麦、酿造用水、酒花、酵母及淀粉质（或糖质）辅料。①大麦。适用于啤酒酿造的大麦为二棱或六棱大麦。二棱大麦的浸出率较高，溶解度较好；六棱大麦的农业单产较高，麦芽溶解度不大稳定。②酿造用水。通常，软水适于酿造淡色啤酒，碳酸盐含量高的硬水适于酿制浓色啤酒。③酒花。又称啤酒花。使啤酒具有独特的苦味和香气，并有防腐和澄清麦芽汁的能力。④玉米。玉米淀粉的性质与大麦淀粉大致相同。是国际上用量最多的辅助原料。⑤大米。淀粉含量高，浸出率也高，含油质较少。是中国用量最多的辅助原料。⑥小麦。德国的白啤酒以小麦芽为主要原料，比利时的兰比克啤酒以大麦芽配小麦芽为辅料。

◆ **啤酒生产**

啤酒生产大致可分为麦芽制造、啤酒酿造、啤酒灌装三个主要过程。

◆ **麦芽制造**

啤酒大麦在人工控制的外界条件下，经发芽和焙燥制成酥脆香甜的大麦芽，称为制麦。麦芽制造有 6 道工序：①大麦贮存。刚收获的大麦有休眠期，发芽力低，要进行贮存后熟。②大麦精选。用风力、筛机除去杂物，按麦粒大小筛分成一级、二级、三级。③浸麦。在浸麦槽中用水浸泡 2～3 日，同时进行洗净，除去浮麦，使大麦的水分（浸麦度）达到 42%～48%。④发芽。浸水后的大麦在控温通风条件下进行发芽，形成各种酶，使麦粒内容物质进行溶解。发芽适宜温度为 13～18℃，发芽周期为 4～6 日，根芽的伸长为粒长的 1～1.5 倍。长成的湿麦芽称绿麦芽。⑤焙燥。目的是降低水分,终止绿麦芽的生长和酶的分解作用,以便长期贮存;使大麦芽形成赋予啤酒色、香、味的物质;易于除去根芽。焙烤温度 82 ～ 85℃,焙燥后的大麦芽水分为 3% ～ 5%。⑥贮存。焙燥后的大麦芽,在除去根芽、精选、冷却之后放入混凝土或金属贮仓中贮存。

◆ **啤酒酿造**

有 5 道工序,主要是糖化、发酵、储酒后熟 3 个过程:①原料粉碎。将大麦芽、大米分别由粉碎机粉碎至适于糖化操作的粉碎度。②糖化。将粉碎的大麦芽和淀粉质辅料用温水分别在糊化锅、糖化锅中混合,调节温度。糖化锅先维持在适于蛋白质分解酶作用的温度(45 ～ 52℃)。将糊化锅中液化完全的醪液兑入糖化锅后,维持在适于糖化酶作用的温度(62 ～ 70℃),以制造麦醪。麦醪温度的上升方法有浸出法和煮出法两种。用过滤机或过滤槽滤出麦汁后,在煮沸锅中煮沸,添加啤酒花,调整成适当的麦汁浓度后,进入回旋沉淀槽中分离出热凝固物,澄清的麦汁进入冷却器中冷却至 5 ～ 8℃。③发酵。冷却后的麦汁添加酵母送入发酵池或圆柱锥底发酵罐中进行发酵,用蛇管或夹套冷却并控制温度。发酵过程分为起泡期、高泡期、低泡期,

啤酒

一般发酵 5 ～ 10 日。发酵成的啤酒称为嫩啤酒。④后酵。为使嫩啤酒后熟,将其送入储酒罐中或继续在圆柱锥底发酵罐中冷却至 0℃左右,调节罐内压力,使二氧化碳溶入啤酒中,储酒期需 1 ～ 2 月。⑤过滤。为使啤酒澄清透明成为商品,啤酒在 -1℃下进行澄清过滤。

过滤方式有硅藻土过滤、纸板过滤、微孔薄膜过滤等。

◆ **啤酒灌装**

应尽量减少二氧化碳损失和减少封入容器内的空气含量，并保证符合卫生标准。①桶装。桶的材质为铝或不锈钢，30 升为常用规格。桶装啤酒一般是未经巴氏灭菌的鲜啤酒。鲜啤酒口味好、成本低，但保存期不长，适于当地现售。②瓶装。为保持啤酒质量，减少紫外线的影响，一般采用棕色或深绿色的玻璃瓶。③罐装。1935 年起始于美国，因运输携带方便发展很快，但售价较高。④ PET（聚对苯二甲酸乙二酯）塑料瓶装。自 1980 年投放市场后，数量逐年增加。

◆ **啤酒类型**

啤酒有多种分类方法。

以杀菌方式分，分为熟啤酒、生啤酒和鲜啤酒。

以发酵方式分，分为上面发酵啤酒和下面发酵啤酒：①上面发酵啤酒。在较高的温度下（15 ～ 20℃）进行发酵，起发快。发酵后期大部分酵母浮于液面，发酵期 4 ～ 6 天。生产周期短，设备周转快，啤酒有独特风味，但保存期较短。②下面发酵啤酒。主发酵温度低（不超过 13℃），发酵过程缓慢（发酵期 5 ～ 10 天）。由于使用下面发酵酵母，在主发酵后期，大部分酵母沉降于容器底部。下面发酵的后发酵期较长，酒液澄清良好，泡沫细腻，风味好，保存期长。中国和大多数国家均采用下面发酵法生产啤酒。

以色泽分，分为三种：①淡色啤酒。色泽金黄，口味淡爽，酒花香味突出。②浓色啤酒。色泽红棕，口味醇厚，苦味较轻，麦芽香味浓。

③黑啤酒。深红棕乃至黑褐色,原麦汁浓度高,口味醇厚,麦芽香味突出。

此外还有特种啤酒,如干啤酒、低醇啤酒、无醇啤酒、小麦啤酒、浑浊啤酒、冰啤酒等。

◆ **著名啤酒**

主要有产于捷克的比尔森啤酒,产于德国的多特蒙德啤酒和慕尼黑啤酒,产于英国的爱尔啤酒和司陶特黑啤酒,产于中国的青岛啤酒等。

◆ **啤酒的典型特征**

不论色泽深浅,均应清亮、透明,无混浊现象;注入杯中时形成泡沫并洁白细腻、持久、挂杯;有独特的麦芽、酒花香和苦味,浓色啤酒具有浓郁的麦芽香并酒体醇厚;含有饱和溶解的二氧化碳,饮用后有一种舒适的刺激感;应长时间保持其光洁的透明度,在规定的保存期内不应有明显的悬浮物。

◆ **啤酒的饮用**

啤酒经火车、汽车运输颠簸后不可立即饮用,需经两天左右的静置,以消除可能引起喷涌的物理因素。啤酒不可受到阳光直接照射,应存放在阴凉处,储存温度以 7 ~ 9℃ 为宜,低于或高于此温度有损啤酒的香气和口味。啤酒的饮用温度很重要,在适宜的温度下饮用,啤酒中的很多成分可以互相协调平衡,给人一种清凉、舒适的感觉。啤酒的适宜饮用温度为 12℃ 左右。

啤酒花

啤酒花是酿造啤酒必须添加的花。又称忽布(由 hop 译音而来)、蛇麻花、酵母花、酒花、啤瓦古丽、香蛇麻。啤酒花为桑科多年生蔓性缠绕草本植物之花，这种植物春天发芽，其茎可长达 10 米，每年秋季开花，花小型，摘花后茎逐渐枯萎。啤酒花雌雄异株，酿酒只用雌花。雌花为绿

啤酒花

色或黄绿色，呈松果状，其所含树脂和油是酿造啤酒所需的重要成分。

　　啤酒花的软树脂里主要含有葎草酮类的苦味成分，麦汁煮沸加入啤酒花时，由于异构化而使葎草酮变成异葎草酮类，啤酒的清爽苦味就来自异葎草酮。啤酒花软树脂对某些部分菌类具有杀灭和抑制作用，故可增加啤酒的防腐能力。

　　啤酒花油成分，给予啤酒花的香气。通常将啤酒花油成分多而苦味成分少的酒花称为香型啤酒花；啤酒花油成分少而苦味成分多的啤酒花称为苦型啤酒花。现已专门培育出富含苦味成分的香型啤酒花。

　　啤酒花还有药用效果，古时啤酒花就作为药用植物被采用，具有健胃、镇静、催眠、止泻、杀菌等功效。《新疆中草药》记载："健胃消食，利尿安神。主消化不良，腹胀，浮肿，膀胱炎，肺结核，咳嗽，失眠，麻风病。"

　　鲜啤酒花需经干燥、喷雾回潮、压缩打包才能成为商品。它不便于运输和储藏，特别是随着储存时间的延长，啤酒花有效成分会逐渐氧化变质，且利用率较低。为提高啤酒花利用率，改善储运性能，已有多种啤酒花制品问世，如啤酒花浸膏、异构化啤酒花浸膏、颗粒啤酒花、啤酒花油等。

可可制品

可可制品是以可可豆为原料，经焙炒、破碎、壳仁分离、研磨、压榨等工艺制成的产品。

主要包括可可液块、可可脂和可可粉。①可可液块。可可豆经焙烤、去壳分离、研磨得到的浆体，又称可可料或苦料。在温热的状态具有流动性，冷却后凝固成块，因而得名。呈棕褐色，香气浓郁并有苦涩味，含有丰富的脂肪。贮藏时须严格控制其水分含量，贮藏温度10℃为宜。长期贮藏后香气易流失，也容易吸附环境中的气味。②可可脂。从可可液块中提取得到的一类植物硬脂，又称可可白脱。熔点为30～34℃，液态时呈琥珀色，固态时呈淡黄色。贮藏温度5℃为宜。食品工业所用的优质可可脂经压榨法生产，不得采用任何化学方法精炼。③可可粉。可可液块经压榨除去部分可可脂，再经粉碎后经筛分所得的棕红色粉体。按照脂肪含量可将其分为高脂可可粉（脂肪含量≥20%）、中脂可可粉（脂肪含量14%～20%，不包括20%）和低脂可可粉（脂肪含量10%～14%，不包括14%）。天然可可粉pH为5.4～5.7，多用于巧克力的生产；经碱化的可可粉pH为6.8～7.2，多用于饮料的生产。

可可制品的主要用途为制作巧克力，其次为制作饮料。

咖　啡

咖啡是茜草科咖啡属植物。又称咖啡树、阿拉伯咖啡等。常见种为小粒咖啡（*Coffea arabica*）、中粒咖啡（*Coffea canephora*）和大粒咖啡（*Coffea liberica*）。咖啡原产于埃塞俄比亚热带雨林地区或阿拉伯半岛，中国南部和西南部有引入栽培。

◆ **形态特征**

灌木或乔木，枝略呈圆柱形，顶部略压扁。叶对生，极少3枚轮生，膜质或薄革质，无柄或具柄。托叶阔，生于叶柄间，不脱落。花通常芳香，

咖啡的果实

无梗或具短梗，簇生于叶腋内成球形或排成腋生少花的聚伞花序，偶有单生。苞片常常合生。萼管短，近管形或陀螺形，顶部截平或4～6齿裂，里面常具腺体，宿存。花冠白色或浅黄色，罕有呈玫瑰红色，高脚碟形或漏斗形，喉部无毛或被长柔毛，顶部5～9裂，极少4裂，裂片开展，花蕾时期旋转排列。雄蕊4～8枚，生于冠管喉部，花丝短或缺，花药近基部背着，线形，突出或内藏。花盘肿胀，子房2室，花柱线形，稍粗，柱头2裂，胚珠每室1颗。浆果球形或长圆形，干燥或肉质，有小核2颗。小核革质或肉质，背部凸起，若为革质时腹面有纵槽，膜质时则无纵槽。种子腹面凹陷或具纵槽。胚根圆柱形，向下。

◆ **生长习性**

咖啡适宜栽种温度为19～21℃，降水量以1000～1600毫米为宜，光照要求有适度荫蔽条件，土壤土层厚度须超过100厘米。

◆ **用途**

咖啡是最重要的热带食品原料之一，含有淀粉、脂类、咖啡因、芳

香物质等多种有机物质，广泛用于食品产业。在世界三大饮料中，咖啡的消费量最大，约为可可的 3 倍、茶叶的 4 倍。除饮料和食品外，咖啡碱还在医药上用于麻醉剂、兴奋剂和强心剂。

苦 瓜

苦瓜是葫芦科苦瓜属一年生攀缘草本植物。又称凉瓜、锦荔枝、癞瓜。

苦瓜起源于东南亚热带地区，广泛分布于热带、亚热带及温带地区。中国自南宋开始已有 700 多年栽培历史，以南方地区栽培较多，尤其在华南地区，苦瓜是最重要的蔬菜之一。

◆ 形态特征

根系发达。茎蔓性，易生侧蔓，卷须纤细，长达 20 厘米。叶掌状 5～7 深裂，长、宽均为 4～12 厘米，光滑无毛。花单性，雌雄异花同株，单生叶腋，花梗纤细，被微柔毛，长 3～7 厘米，花冠黄色。浆果，纺锤形、短圆锥形或长圆锥形，表面有光泽，并布满条状和瘤状突起。因果肉含有一种糖苷而具苦味。

◆ 生长习性

喜温、耐热，不耐霜冻。种子发芽适温为 30℃，幼苗生长适温为 16～25℃，开花结果最适温度为 25～30℃，更高温度下仍能正常生长和开花结果。喜湿，但不耐涝。属短日性植物，但多数品种

苦瓜的果实

对日照长短要求不严格。喜光，开花结果期尤需较强光照。

◆ 用途

苦瓜是一种药菜两用植物，嫩果果肉柔嫩、清脆，苦味适中，可炒、煎、烧、焖、蒸、炖或煮汤。用其榨汁，可做成清凉饮料。富含苦瓜多糖、皂苷、多肽、黄酮类化合物等多种活性成分，具有辅助降血糖、降血脂、抗氧化、增强免疫力及预防肥胖等保健功能。

苦 木

苦木是被子植物真双子叶植物无患子目苦木科的一种。产于中国黄河流域及其以南各省区，生于海拔（1400～）1650～2400米的山地杂木林中。印度北部、不丹、尼泊尔、朝鲜和日本也有分布。

落叶乔木，高达10余米。树皮紫褐色，平滑，有灰色斑纹。叶互生，奇数羽状复叶，长15～30厘米；小叶9～15，卵状披针形或广卵形，边缘具不整齐的粗锯齿，先端渐尖，基部楔形，除顶生叶外，其余小叶基部均不对称，叶面无毛，背面仅幼时沿中脉和侧脉有柔毛，后变无毛；落叶后留有明显的半圆形或圆形叶痕；托叶披针形，早落。花雌雄异株，组成腋生复聚伞花序，花序轴密被黄褐色微柔毛；萼片小，通常5，偶4，卵形或长卵形，外面被黄褐色微柔毛，覆瓦状排列；花瓣与萼片同数，卵形或阔卵形，两面中脉附近有微柔毛；雄蕊长为花瓣的2倍，与萼片对生，雌蕊短于花瓣；花盘4～5

苦木

裂；心皮 2 ～ 5，分离，每心皮有 1 胚珠。核果成熟后蓝绿色，长 6 ～ 8 毫米，宽 5 ～ 7 毫米，种皮薄，萼宿存。花期 4 ～ 5 月，果期 6 ～ 9 月。

木材稍硬，心材黄色，边材黄白色，刨削后具光泽，供制器材；树皮及根皮极苦，含苦楝树苷与苦木胺，为苦树中的苦味质，有毒，入药能泻湿热、杀虫治疥等；亦为园艺上著名农药，多用于驱除蔬菜害虫。在欧洲和北美为观赏树。

苦苣菜

苦苣菜是菊科苦苣菜属一年生或二年生草本植物。又称苦菜、苦荬菜。以嫩茎叶供食用。苦苣菜分布于全球温带及亚热带地区，生长于海拔 170 ～ 3200 米的地区。

◆ 形态特征

根圆锥状，垂直伸长，有多数纤维状须根。茎直立，单生。基生叶羽状深裂，全形长椭圆形或倒披针形。头状花序在茎枝顶端排成紧密的伞房花序或总状花序。总苞片顶端急尖，外面无毛或外层、中内层上部沿中脉有少数头状具柄的腺毛。舌状小花多数，黄色。瘦果褐色，长椭圆形或长椭圆状倒披针形，每面各有 3 条细脉，肋间有横皱纹，顶端狭，无喙，冠毛白色，长 7 毫米，单毛状，彼此纠缠。花果期 5 ～ 12 月。

苦苣菜

◆ 用途

苦苣菜营养价值很高，据测定，每100克鲜苦苣菜中含蛋白质1.8克，糖类4.0克，食物纤维5.8克，钙120毫克，磷52毫克，以及锌、铜、铁、锰等微量元素和维生素B1、维生素B2、维生素C、胡萝卜素、烟酸等。此外，还含有甘露醇、蒲公英甾醇、蜡醇、胆碱、酒石酸、苦味素等化学物质。其嫩茎叶可生食，也可用沸水烫一下，再换清水浸泡除去苦味，然后凉拌或炒食。全草入药，有清热解毒、凉血止血、祛湿降压的功效。

莴　苣

莴苣是菊科莴苣属一年生或二年生草本植物。以绿叶或肉质茎供食用。莴苣原产于地中海沿岸。埃及古墓出土的文物证明公元前4500年已有长叶型莴苣栽培。结球莴苣是在地中海一带演变而成，汉代或唐太宗时从西亚传入中国；后演变成茎用莴苣，因其肉质茎肥嫩如笋，故通称莴笋。9世纪传到日本。茎用莴苣和叶用莴苣在中国南北各地均有栽培。

◆ 形态和类型

根垂直直伸。茎直立，单生，上部圆锥状花序分枝，全部茎枝白色。基生叶及下部茎叶大，不分裂，倒披针形、椭圆形或椭圆状倒披针形，长6～15厘米，宽1.5～6.5厘米，顶端急尖、短渐尖或圆形，无柄，基部心形或箭头状半抱茎，边缘波状或有细锯齿；向上的叶渐小，与基生叶及下部茎叶同形或披针形；圆锥花序分枝下部的叶及圆锥花序分枝上部的叶极小，卵状心形，无柄，基部心形或箭头状抱茎，边缘全缘，全部叶两面无毛。叶和茎有淡绿、绿和紫红等色，叶面平展或皱缩，全缘或缺刻。圆锥形头状花序，花黄色，自花授粉。

分为叶用和茎用两个类型。叶用莴苣可分为：①结球莴苣（*L. sativavar. capitata*）。叶片较大，叶片光滑或微皱缩，生长后期心叶形成叶球，呈圆球形或扁圆形。②直立莴苣（*L. sativavar. longifolia*）。叶狭长而直立，一般不结球或心叶抱合成圆筒状。③皱叶莴苣（*L. sativavar. crispa*）。叶深裂，叶面皱缩，不结球或心叶结成松散叶球。茎用莴苣（*L. sativavar. asparagina*）叶片较狭，先端尖或圆，幼苗叶片着生于短缩茎上；生长后期茎伸长、肥大；食用部分由茎和花茎两部分组成。

◆ 用途

莴苣叶、茎组织中乳管分泌的乳状液含有多种有机化合物，如糖、橡胶物质、有机酸、树脂、甘露醇、蛋白质及莴苣素等。莴苣素有苦味，具催眠镇痛作用。叶用莴苣多生食；茎用莴苣除鲜食外，还可腌制或干制。

菊 苣

菊苣是被子植物真双子叶植物菊目菊科菊苣属的一种。产于中国西北、华北、东北各地。广布于欧洲、亚洲和北非，美洲和大洋洲也有分布。

菊苣为多年生草本植物，高 0.4～1 米。茎直立，单生，有棱，分枝开展，具毛。基生叶莲座状，边缘有齿，常倒向羽状分裂，顶裂片大，基部渐狭成柄，叶柄有翅；茎生叶少数，逐渐变小；上部叶小，无柄，全缘，基部圆形或半抱茎。头状花序单生或数个聚生于茎和枝端，或2～3个簇生茎中上部叶腋。总苞圆柱形，长 2～8 毫米，总苞片 2 层，外层长短不一、形状不一；小花全为舌状，蓝色，有色斑。瘦果顶端截形，褐色；冠毛短，长 0.2 ～ 0.3 毫米，鳞片状。花果期 5 ～ 10 月。

叶嫩时可食。全草入药，清肝利胆，治黄疸型肝炎。根含有菊糖及芳香族物质，可作咖啡代用品。根中苦味物质可提高消化器官活力。菊苣也可作为花卉，宜于花坛种植。

菊苣植株

乌 檀

乌檀是被子植物真双子叶植物龙胆目茜草科乌檀属的一种。名出《海南植物志》。

分布于中国广东、广西和海南中等海拔地区的森林中。越南、柬埔寨、老挝、泰国、马来西亚以及印度尼西亚也有分布。

乌檀为乔木，高 4 ～ 12 米；小枝纤细无毛，光滑；顶芽倒卵形。叶纸质，椭圆形，稀倒卵形，长 7 ～ 9 厘米，宽 3.5 ～ 5 厘米，顶端渐尖，略钝头，基部楔形，干时上面深褐色，下面浅褐色；侧脉 5 ～ 7 对，纤细，近叶缘处连结，两面微隆凸；叶柄长 10 ～ 15 毫米；托叶早落，倒卵形，长 6 ～ 10 毫米，顶端圆。头状

乌檀

花序单个顶生；总花梗长 1 ～ 3 厘米，中部以下的苞片早落。果序中的多数小坚果合成球形体，成熟时黄褐色，直径 9 ～ 15 毫米，表面粗糙；种子长 1 毫米，椭圆形，一面平坦，一面拱凸，种皮黑色有光泽，有小窝孔。花期夏季。

木材橙黄色，有苦味，是优质家具和建筑用材。枝条、树皮入药，茎含黄酮苷、酚类，入药能消热解毒，消肿止痛，治急性扁桃体炎、咽喉炎及乳腺炎等。

黄 檗

黄檗是被子植物真双子叶植物无患子目芸香科黄檗属的一种。俗称关黄柏。名出《名医别录》。

分布于中国东北和华北各省，主产东北，河南、安徽北部、宁夏也有分布，内蒙古有少量栽种。多生于山地杂木林或沟谷沿岸。朝鲜半岛、日本、俄罗斯，以及中亚和欧洲东部亦有分布。

黄檗为落叶乔木。树皮灰褐色，有发达的木栓层，内皮黄色。奇数羽状复叶，对生，小叶 5 ～ 13，卵状披针形，边缘有细钝锯齿，齿间有黄色透明腺点。花小，雌雄异株，聚伞圆锥花序顶生；雄花小，黄绿色，萼片 5，花瓣 5，雄蕊 5，有退化子房；雌花萼片 5，花瓣 5，退化雄蕊成鳞片状，雌蕊心皮 5，合生，子房上位，5 室，每室 1 胚珠。

黄檗

浆果状核果球形，熟时黑色，有特殊气味和苦味；种子 2 ～ 5 粒，半卵形，黑色。花期 5 ～ 6 月，果期 9 ～ 10 月。

树皮含黄檗碱、小檗碱，味甚苦，有强力消炎、杀菌作用，在中药里有清热泻火、燥湿解毒作用；剥取树皮后，除去粗皮，晒干炮制后入药。内皮可制黄色染料；木栓层可制软木塞。木材纹理美观，耐湿和耐腐蚀，是军工和家具良材。果实含甘露醇和不挥发油，可供工业和医用。种子可制皂和润滑油。它还是良好的蜜源植物。为国家二级保护植物。

可　可

可可是被子植物真双子叶植物锦葵目锦葵科可可属的一种。原产于美洲热带，为典型热带植物，主要分布在南纬和北纬 20° 以内的区域。适生于高温多雨和湿度大的环境，要求年平均温度为 22.4 ～ 28℃，月平均最低温度 15℃，年降水量 1400 ～ 2000 毫米。世界上主要可可产区的年平均温度都在 25℃ 以上，温度的变化幅度也很小。世界热带地区普遍引种，主产中南美洲、西方及东南亚。中国于 1922 年在台湾南部开始引种，现海南东南部和云南南部有栽培。

可可为常绿小乔木，高达 12 米，小枝有褐色短柔毛。叶革质，长椭圆形，长 10 ～ 40 厘米，宽 5 ～ 20 厘米，先端长渐尖，

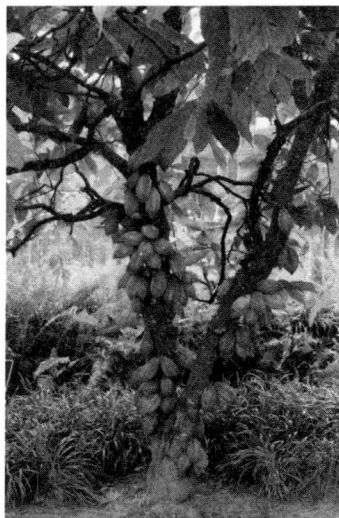

可可

基部圆形、近心形或钝，全缘，两面无毛，嫩叶下垂，带红色。托叶条形，早落。花小，排成聚伞花序，簇生于树干或老枝上，故称茎花植物。终年开花结实，而 5～11 月为盛花期。花的直径为 1～2 厘米，萼片 5，粉红色，长披针形，边缘有毛，宿存。花瓣 5，淡黄色，略比萼片长，下部凹陷成盔状，上部匙形向外反卷。雄蕊 5 枚，花丝基部合生成筒状。退化雄蕊 5，线形，能育雄蕊与退化雄蕊互生。子房 5 室，每室胚珠 14～16，两列，花柱圆柱状。果为核果，卵球形，长 15～30 厘米，粗 8～10 厘米，有纵沟纹，成熟时橙黄色或浅红色。每果有种子 20～50 个。种子扁圆柱形，长 1.8～2.6 厘米，粗 1～1.5 厘米，埋藏在胶质果肉中，每个种子由白色果肉包裹；子叶颜色多种，从白色到深紫色，随不同品种而变。

可可是世界三大饮料植物之一，是生产巧克力的主要原料。种子除含油高达 58% 外，还含有多种有机酸、维生素、微量元素、多酚、可可碱，含 500 多种芳香物质。种子经过发酵、焙炒后，可做饮料和巧克力糖，营养丰富，味醇且香，具有兴奋和滋补的作用；果肉发酵后可生产一种酒精饮料。

蛇 胆

蛇胆即蛇的胆囊。含有胆汁，可入药。蛇胆作为药物，最早记载于汉魏六朝时期的《名医别录》："蝮蛇胆，味苦，微寒，有毒。主治匿疮。肉，酿作酒，治癞疾，诸瘘，心腹痛，下结气，除蛊毒。"应用较多的有金环蛇胆、银环蛇胆、棋盘蛇胆、眼镜蛇胆和蝮蛇胆等，几乎所有蛇胆均可入药。

中医认为蛇胆性寒，味苦微甘，具有清热解毒、止咳化痰、搜风祛湿、清肝明目的功效。蛇胆汁的主要成分为胆汁酸、胆固醇、胆色素、黏蛋白和无机盐等，其中胆汁酸的组分因蛇的种类而异，主要为牛磺胆酸、牛磺鹅去氧胆酸、牛磺熊去氧胆酸和甘氨石胆酸等。

蛇胆作为药物可食用，可与白酒制成蛇胆酒，也可与川贝、陈皮共同使用。生蛇胆含有寄生虫，切勿生吃。《中国药典》收录了蛇胆川贝散、蛇胆陈皮散等 20 余种以蛇胆为主要原料的药物，剂型涵盖散、丸、片、胶囊、膏滋、口服液及颗粒。

由于蛇胆稀缺，为防止以鸡胆、鸭胆、鱼胆等冒充蛇胆，应从胆的外形、大小、色泽、气味、胆管形状、胆汁稠度等加以鉴别，也可通过薄层色谱层析进行鉴别。如外观性状上，蛇胆与鸡、鸭、鱼胆相比较，两头较尖，色泽较浅，胆皮薄，弹性差，胆管粗而短，胆汁纯苦。

啤酒酿造

大麦经发芽、糖化、添加啤酒花等制成麦芽汁，再经发酵、储酒后熟、澄清过滤、灌装、杀菌等工序生产啤酒的过程称为啤酒酿造。

麦芽汁的制备包括大麦发芽、原辅料粉碎、糖化、麦汁过滤、麦汁煮沸和添加啤酒花、麦汁冷却等过程。发芽的目的是使大麦产生多种水解酶，绿麦芽烘干过程中还能产生色、香和风味成分。糖化的目的是利用麦芽中的各种水解酶将麦芽和辅助原料中的淀粉、蛋白质等不溶性大分子物质水解为可溶性的低分子物质。煮沸的目的是钝化酶活力，杀灭微生物，使蛋白质变性和絮凝沉淀，从而稳定麦汁成分，并蒸发除掉多余水分。啤酒花可赋予啤酒特有的苦味和香味，还有防腐作用，啤酒花中的多酚物质还具有澄清麦汁和赋予啤酒以醇厚酒体的作用。

麦汁冷却后，通入无菌空气，添加酵母，进行前发酵，一般发酵 7～8 天。前发酵是啤酒发酵的主要阶段，在此阶段，大部分糖经发酵成酒精、CO_2 和其他副产物。前发酵得到的啤酒为嫩啤酒，不可饮用，须经后发酵才成熟。后发酵又称啤酒后熟、储酒。后发酵完成嫩啤酒的继续发酵，产生一些风味物质，排出啤酒中的异味，饱和 CO_2，促进啤酒稳定、澄清成熟。后发酵需 1～2 月，甚至更久。啤酒发酵结束后，进行过滤澄清以除去啤酒中的少量酵母、微小的浑浊物质粒子、蛋白质等大分子物质、细菌等。过滤后得到的啤酒为 生啤酒。过滤的啤酒经灌装、杀菌、检验、贴标签，最后装箱入库即得啤酒产品。经杀菌的啤酒为熟啤酒。

上述为下面发酵啤酒的酿造过程，世界上多数国家采用下面发酵酿造啤酒。此外还有上面发酵啤酒，该类啤酒较少，且在逐年减少。上面发酵啤酒没有后熟阶段，而是发酵后加胶使啤酒澄清，再人工充 CO_2，使之达到饱和。

第3章
苦味药

　　味属苦，以降泄、通泄、清泄、燥湿、坚阴为主要作用的一类中药称为苦味药。此类药物均具苦味，苦属阴，主入心、肝、肺、胃经。苦能泄、能燥、能坚，泄即降泄、通泄、清泄；燥即燥湿；坚即坚阴，泻火存阴。主要功效为泄降逆气、平喘、止呕、止呃、通泄大便、清泄火热、燥湿、泻火存阴等，少量苦味药还具有健胃、坚厚肠胃的功效。

　　苦味药主要适用于神热心烦、目赤口苦、气逆喘咳、呕吐呃逆、大便秘结、小便浑浊、湿热蕴结、寒湿滞留、肾阴亏虚等。

　　配伍应用：苦味药与辛味药配伍，可驱逐寒邪、开通腑气，如大黄味苦配伍辛热之附子；与苦味药配伍，可治疗湿热中阻、痞满呕吐，如黄芩苦寒配伍苦寒之黄连；与酸味药配伍，可治胸脘胀闷、烦躁不安等症，如瓜蒂味苦配伍酸苦之赤小豆；与甘味药、淡味药配伍，可治疗湿热所致恶心呕吐等，如苦寒之黄芩配伍甘淡之通草；配伍咸味药，如菊花味甘苦，配伍咸寒之磁石可治疗目暗不明、视物昏花等；与涩味药配伍，如五倍子味酸涩，配伍苦寒之贝母，可治疗肺热咳嗽等。

　　用药禁忌：苦味药苦燥易伤津，阴津不足者不宜用；苦寒易伤胃阳气，素体脾胃虚者慎用；不宜久用、过量用；有些药物年老体虚者以及孕妇禁用。

现代研究：苦味药主要含生物碱和苷类物质，还含有黄酮类、挥发油类、鞣质等成分。现代研究表明其所含生物碱具有解热、抗菌、抗炎等作用；所含苷类具有解热、抗菌、利胆等作用；所含结合型蒽苷类成分具有促进肠道蠕动等作用；一些苦味药还具有抑制咳嗽中枢、扩张支气管平滑肌的作用。

苦杏仁

苦杏仁是蔷薇科植物山杏、西伯利亚杏、东北杏或杏的干燥成熟种子。属止咳平喘药。又称杏仁。始载于《神农本草经》。

◆ 产地和分布

杏主产于中国华北、东北、西北。多栽培于低山地或丘陵山地。夏季采收成熟果实，除去果肉和核壳，取出种子，晒干。商品药材主要来自栽培。

山杏果实

◆ 性状

杏为落叶乔木，高达6米。叶互生，呈广卵形或卵圆形，表面黄棕色至深棕色，一端尖，另一端钝圆，肥厚，左右不对称，尖端一侧有短线形种脐，圆端合点处向上具多数深棕色的脉纹，边缘具细锯齿或不明显的重锯齿；叶柄多带红色。花单生，先叶开放，几无花梗；花扣反折；花瓣白色或粉红色；雄蕊多数。核果近圆形，橙黄色；核坚硬，扁心形，沿腹缝有沟。种皮薄，子叶2，乳白色，富油性。气微，味苦。

◆ **药性和功用**

苦杏仁味苦，微温，有小毒，归肺、大肠经。具有降气止咳平喘、润肠通便、咳嗽气喘、胸满痰多、血虚津枯、肠燥便秘的功效。

◆ **成分和药理**

苦杏仁主要含有氰苷（如苦杏仁苷）、脂肪油等，具有镇咳、平喘、抗炎、镇痛、抗肿瘤等作用。

◆ **用法和禁忌**

苦杏仁既有发散风寒之能，又有下气除喘之力，还能润肠通秘、宣滞行痰，故凡肺经感受风寒而见喘嗽咳逆、胸满便秘、烦热头痛，均可调治。苦杏仁与紫菀均可宣肺除郁开溺，一

中药苦杏仁

主于肺经之血，一主于肺经之气。苦杏仁与桃仁俱可治便秘，一治其脉浮气喘便秘，于昼而见；一治其脉沉狂发便秘，于夜而见。苦杏仁配伍瓜蒌，既从腠理中发散，故表虚者忌；又从肠胃中清利以除，故里虚者忌。用苦杏仁治便秘，须配伍陈皮，则气始通。苦杏仁配伍桔梗，可用于治疗咳嗽、痰多、喘憋，或见二便不利，一升一降，升降调和，祛痰止咳之效甚佳。阴亏、郁火者不宜单味药长期内服。另外，苦杏仁还可作为食品和保健食品。

煎服用量5～10克，生品入煎剂后下。婴儿慎服，阴虚咳嗽及泻痢便溏者禁服。用量不宜过度，以免中毒。

苦楝皮

苦楝皮是楝科植物川楝或楝的干燥树皮和根皮。属驱虫药。又称苦楝、楝树果、楝枣子。始载于《名医别录》。

◆ **产地和分布**

川楝产于中国各地，生于杂木林、疏林中。楝主产于中国黄河以南各省，生于低海拔旷野、路旁、疏林中。春、秋二季剥取，晒干，或除去粗皮，晒干。商品药材主要来自栽培。

◆ **性状**

苦楝皮呈不规则板片状、槽状或半卷筒状，长宽不一，厚2～6毫米。外表面灰棕色或灰褐色，粗糙，有交织的纵皱纹和点状灰棕色皮孔，除去粗皮者淡黄色；内表面类白色或淡黄色。质韧，不易折断，断面纤维性，呈层片状，易剥离。气微，味苦。

◆ **药性和功用**

苦楝皮味苦，性寒，有毒，归肝、脾、胃经。具有杀虫、疗癣功能，用于蛔虫病、钩虫病、蛲虫病、虫积腹痛、阴道滴虫病、疥疮、头癣。

◆ **成分和药理**

苦楝皮主要含三萜（如川楝素、异川楝素、苦楝萜酮内酯、苦楝萜酸甲酯、苦楝皮萜酮）、香豆素、树脂、鞣质等，具有驱蛔、抗血吸虫、抑制中枢、影响心血管、调节消化系统、影响神经肌肉

中药苦楝皮

信号传递、促进肠肌痉挛性收缩等作用。

◆ **用法和禁忌**

苦楝皮内服可用于治疗蛔虫病、蛲虫病、虫积腹痛，外用可治疗疥癣瘙痒。治蛔虫病可单用煎服，或配伍芜荑、使君子、槟榔、雷丸等；配伍芜荑研末，水煎服，可治小儿虫痛不可忍。治蛲虫病可与苦参、蛇床子、皂角配伍，研末炼蜜为丸。治疗钩虫病可与槟榔同用。外用单味可治疗头癣、湿疮、湿疹瘙痒证，用于虫牙痛可与百部配伍。

煎服用量 3～6 克，或入丸、散剂；外用适量，研末，用猪脂调敷患处。孕妇及肝肾功能不全、脾胃虚寒者慎用。不宜持续过量使用。

苦 参

苦参是豆科植物苦参的干燥根。属清热燥湿药。又名苦骨、川参。始载于《神农本草经》。

◆ **产地和分布**

苦参在中国各地均产。

春、秋二季采挖，除去根头和小支根，洗净，干燥，或趁鲜切片，干燥。商品药材主要来自栽培。

◆ **性状**

苦参呈长圆柱形，下部常有分枝，长 10～30 厘米，直径 1～6.5 厘米。表面灰棕色或棕黄色，具纵皱纹和横长皮孔样突起，外皮薄，多破裂反卷，易剥落，剥落处显黄色，光滑。质硬，不易折断，断面纤维性；切片厚 3～6 毫米，切面黄白色，具放射状纹理和裂隙，有的具异型维管束呈同心形环列或不规则散在。气微，味极苦。

◆ **药性和功用**

苦参味苦，性寒，归心、肝、
胃、大肠、膀胱经。具有清热燥湿、
杀虫、利尿功能，用于热痢、便血、
黄疸尿闭、赤白带下、阴肿阴痒、
湿疹、湿疮、皮肤瘙痒、疥癣麻风；
外用可治滴虫性阴道炎。

◆ **成分和药理**

苦参主要含生物碱（苦参碱、
氧化苦参碱、异苦参碱等）、黄酮（苦
参醇、新苦参醇等）等，具有抑菌、

苦参

苦参根

抗病毒、抗心律失常、抗炎、抗肌损伤、抗肿瘤、抗过敏、升高白细胞、
保肝、抑制免疫、镇静、平喘等作用。

◆ **用法和禁忌**

苦参苦寒之性较强，既清热燥湿，又兼利尿，使湿热之邪外出，可
用治多种湿热证。对湿热蕴结胃肠、腹痛泄泻或下痢脓血者，单用有效；
若与生地黄同用，可用治湿热便血、痔漏出血；治湿热黄疸，可与龙胆
同用；治湿热带下、阴肿阴痒，可配蛇床子、鹤虱等药。苦参还能杀虫
止痒，为治皮肤病的常用药，内服外用均可。治湿疹、湿疮，单用煎水
外洗有效，或与黄柏、蛇床子煎水外洗。治皮肤瘙痒，可配伍皂角、荆
芥等药；治风疹瘙痒，可配防风、蝉蜕、荆芥等药；治疥癣瘙痒，可与

黄柏、蛇床子、地肤子等配伍，或与花椒煎水外搽，或与硫黄、枯矾制成软膏外涂。治滴虫性阴道炎，多煎水灌洗或作栓剂外用。此外，苦参还可利尿，用治湿热蕴结之小便不利、灼热涩痛，常与石韦、车前子、栀子等药同用。

中药苦参

煎服用量4.5～9克，外用适量。脾胃虚寒者忌用。不可与藜芦同用。

苦豆子

苦豆子是豆科植物苦豆子的干燥全草及种子。清热燥湿药。别称布亚。始载于《新疆中草药手册》。

◆ **产地和分布**

苦豆子主产于中国新疆、西藏、内蒙古等地。

全草夏季采收，种子春季采收，干燥。全草生用，种子炒用。商品药材主要来自栽培。

◆ **性状**

苦豆子为草本或基部木质化成亚灌木状，高约1米。枝被白色或淡灰白色长柔毛或贴伏柔毛。羽状复叶，叶柄长1～2厘米；托叶着生于小叶柄的侧面，钻状，长约5毫米，常早落。花冠白色或淡黄色，旗瓣形状多变，通常为长圆状倒披针形，长15～20毫米，宽3～4毫米，先端圆或微缺，或明显呈倒心形，基部渐狭或骤狭成柄，翼瓣常单侧生，

苦豆子

稀近双侧生，长约 16 毫米，卵状长圆形，具三角形耳，皱褶明显。荚果串珠状，长 8～13 厘米，直，具多数种子；种子卵球形，稍扁，褐色或黄褐色。

◆ **药性和功用**

苦豆子味苦，性寒，归胃、大肠经，有毒。具有清热燥湿、止痛、杀虫功能，用于湿热泻痢、湿疹、顽癣、胃脘痛、疮疖、溃疡。

◆ **成分和药理**

苦豆子主要含生物碱（苦参碱、槐果碱、苦豆碱等）等，具有镇静、镇痛、降温、抗心律失常、降压、抗心肌缺血和心肌梗死、抗肿瘤、抗病毒、抗炎、免疫调节等作用。

◆ **用法和禁忌**

苦豆子性味苦寒，功能清热燥湿以止痢，治湿热泻痢、里急后重，单用有效。对胃热胃脘痛、吞酸者，可单用苦豆子种子五粒研末冲服，或配蒲公英、生姜等药用。对湿疹、顽癣者，以其干馏油制为软膏外搽。白带过多者，取苦豆子吞服有效。此外，苦豆子有毒，但能以毒攻毒，故可用治热毒疮疖、溃疡等证，可取适量砸碎，煎汤外洗患处。

全草煎服用量 1.5～3 克。种子炒用，

苦豆子

研末服，每次 5 粒。因有毒，内服用量不宜过大。

黄　连

黄连是毛茛科植物黄连、三角叶黄连或云连的干燥根茎，以上三种分别习称味连、雅连、云连。属清热燥湿药。又名川连、鸡爪连。始载于《神农本草经》。

◆ 产地和分布

黄连主产于中国四川、云南、湖北等地。秋季采挖，除去须根和泥沙，干燥，撞去残留须根。商品药材主要来自栽培。

◆ 性状

味连多集聚成簇，常弯曲，形如鸡爪，单枝根茎长 3 ～ 6 厘米，直径 0.3 ～ 0.8 厘米。表面灰黄色或黄褐色，粗糙，有不规则结节状隆起、须根及须根残基，有的节间表面平滑如茎秆，习称"过桥"。上部多

黄连

残留褐色鳞叶，顶端常留有残余的茎或叶柄。质硬，断面不整齐，皮部橙红色或暗棕色，木部鲜黄色或橙黄色，呈放射状排列，髓部有的中空。气微，味极苦。

雅连多为单枝，略呈圆柱形，微弯曲，长 4 ～ 8 厘米，直径 0.5 ～ 1 厘米。"过桥"较长。顶端有少许残茎。

云连弯曲呈钩状，多为单枝，较细小。

◆ **药性和功用**

黄连味苦，性寒，归心、脾、胃、肝、胆、大肠经。具有清热燥湿、泻火解毒功能，用于湿热痞满、呕吐吞酸、泻痢、黄疸、高热神昏、心火亢盛、心烦不寐、心悸不宁、血热吐衄、目赤牙痛、消渴、痈肿疔疮；外用可治湿疹湿疮、耳道流脓。

◆ **成分和药理**

黄连主要含异喹啉类生物碱（小檗碱、黄连碱、药根碱等）、黄柏酮、绿原酸等，具有抗菌、抗病毒、降血糖、免疫调节、解热、保护胃黏膜、抗心律失常、强心、抗心肌缺血、降压、抗血小板聚集、抗肿瘤、降脂等作用。

◆ **用法和禁忌**

黄连大苦大寒，清热燥湿之力优，尤长于清泄中焦脾胃、大肠湿热，常用治湿热泻痢、呕吐，为治泻痢要药。症轻者，单用有效；治湿热泻痢、腹痛里急后重，可配伍木香；若用治湿热泻痢、下痢脓血，与白芍、木香、槟榔等配伍；治湿热下痢脓血日久，可配伍乌梅；治湿热泻痢兼表证发热，可与葛根、黄芩等同用；治湿热蕴结脾胃，胸腹痞满、呕吐泄泻，常与厚朴、半夏等燥湿行气药同用，或与黄芩、半夏、干姜等同用。黄连清热泻火力强，尤善清心火，对心经热盛所致多种病症均有较好疗效。治热病扰心、高热烦躁，甚至神昏谵语，常与连翘、牛黄等同用；治心火亢盛，心烦失眠者，常与朱砂、生甘草同用；治心火亢盛，热盛耗伤阴血之虚烦失眠，心悸怔忡，可配伍白芍、阿胶等滋阴养血之品；若配肉桂，可治心火上炎、心肾不交之怔忡不寐。黄连还有清泄胃火的作用，治胃热呕吐，常配伍半夏、竹茹、橘皮；若与吴茱萸同用，可治肝火犯胃、呕吐吞酸。治胃热炽盛、消谷善饥、烦渴多饮之消渴证，常与麦冬同用。治胃火上攻，牙龈肿痛，常与生地黄、升麻、牡丹皮等同用。此外，黄连尤善疗疔毒，治疗痈肿疔毒，多与黄芩、黄柏、栀子同用；外用可与黄柏等配伍制膏外涂。治目赤肿痛，赤脉胬肉，可与淡竹叶同用。制为软膏外敷，可治皮肤湿疹、湿疮；浸汁涂患处，可治耳道流脓；煎汁滴眼，可治眼目红肿。黄连入药除生用外，还有酒炙、姜汁炙、吴茱萸水炙等特殊炮制品，其功用各有区别。酒黄连善清上焦火热，多用于目赤肿痛、口疮；姜黄连善清胃和胃止呕，多用治寒热互结，湿热中阻，痞满呕吐；萸黄连善舒肝和胃止呕，多用治肝胃不和之呕吐吞酸。

煎服用量 2～5 克，外用适量。黄连大苦大寒，脾胃虚寒证忌用。苦燥伤阴，阴虚津伤者慎用。

黄 芩

黄芩是唇形科植物黄芩的干燥根。属清热燥湿药。又名元芩、枯芩。始载于《神农本草经》。

◆ 产地和分布

黄芩主产于中国河北、山西、内蒙古等地。多生于草原、高燥砾质的山坡。春、秋二季采挖，除去须根和泥沙，晒后撞去粗皮，晒干。商品药材主要来自栽培。

◆ 性状

黄芩呈圆锥形，扭曲，长 8～25 厘米，直径 1～3 厘米。表面棕

黄色或深黄色，有稀疏的疣状细根痕，
上部较粗糙，有扭曲的纵皱纹或不规则
的网纹，下部有顺纹和细皱纹。质硬而
脆，易折断，断面黄色，中心红棕色；
老根中心呈枯朽状或中空，暗棕色或
棕黑色。气微，味苦。栽培品较细长，

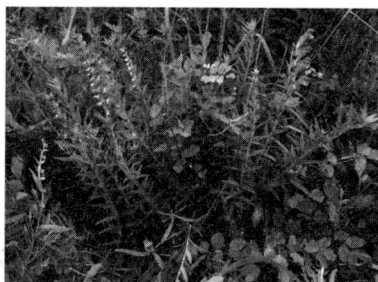
黄芩

多有分枝。表面浅黄棕色，外皮紧贴，纵皱纹较细腻。断面黄色或浅黄
色，略呈角质样。味微苦。

◆ **药性和功用**

黄芩味苦，性寒，归肺、胆、脾、大肠、小肠经。具有清热燥湿、
泻火解毒、止血、安胎功能，用于湿温暑湿、胸闷呕恶、湿热痞满、泻
痢、黄疸、肺热咳嗽、高热烦渴、血热吐衄、痈肿疮毒、胎动不安。

◆ **成分和药理**

黄芩主要含黄酮（如黄芩素、黄芩苷、汉黄芩素、汉黄芩苷、黄芩
新素）、萜类、甾醇、挥发油等，具有抗病毒、抗炎、抗过敏、抗肿瘤、
抗菌、解热、镇静、保肝、利胆、降压、降脂、抗氧化等作用。

◆ **用法和禁忌**

黄芩苦寒，能清肺胃、肝胆、大肠湿热，尤善清中上焦湿热。治湿
温或暑湿，身热不扬，胸脘痞闷、舌苔黄腻等症，常配滑石、白豆蔻、
通草等渗利化湿之品；治湿热中阻，痞满呕吐，则常与黄连、半夏、干
姜等同用；治湿热泻痢，常配黄连、白芍等药；治湿热黄疸，须配伍茵
陈、栀子等利胆退黄药。黄芩还长于清肺热，为肺热咳嗽要药。单用有

效，即清金丸；或配桑白皮、知母、麦冬等清肺止咳之品。若与瓜蒌、桑白皮、杏仁等清肺化痰止咳药同用，可用治痰热咳喘。黄芩还能清气分实热，并有退热之功，配连翘、栀子、大黄等药，可用治外感热病，邪郁于内之高热烦渴、尿赤便秘者。若配伍柴胡，可和解退热，用于邪在少阳之往来寒热。此外，黄芩还具有清热泻火解毒之功，用治痈肿疮毒，常与黄连、黄柏、栀子配伍。黄芩炒炭能清热泻火、凉血止血。治热盛迫血妄行之吐血、衄血，可单用或与大黄同用。治血热便血，常配伍地榆、槐花等。黄芩还有清热安胎之功，治胎热之胎动不安，与白术、当归等同用；治血虚有热之胎动不安，可与当归、白芍、白术等养血养胎药同用。

煎服用量 3 ～ 10 克。黄芩苦寒伤胃，脾胃虚寒者慎用。

黄　柏

黄柏是芸香科植物黄皮树的干燥树皮。属清热燥湿药。习称川黄柏。始载于《神农本草经》。

◆ 产地和分布

黄柏主产于中国四川、贵州、湖北等地。清明之后剥取树皮，除去粗皮，晒干；润透，切片或切丝。商品药材主要来自栽培。

◆ 性状

黄柏呈板片状或浅槽状，长宽不一，厚 1 ～ 6 毫米。外表面黄褐色或黄棕色，平坦或具纵沟纹，有的可见皮孔痕及残存的灰褐色粗皮；内表面暗黄色或淡棕色，具细密的纵棱纹。体轻，质硬，断面纤维性，呈

裂片状分层，深黄色。气微，味极苦，
嚼之有黏性。

中药黄柏

◆ **药性和功用**

黄柏味苦，性寒，归肾、膀胱经。
具有清热燥湿、泻火除蒸、解毒疗疮功能，
用于湿热泻痢、黄疸尿赤、带下阴痒、热淋涩痛、脚气痿证、骨蒸劳热、
盗汗、遗精、疮疡肿毒、湿疹湿疮。

◆ **成分和药理**

黄柏主要含生物碱（小檗碱、黄柏碱等）、苦味质成分（黄柏内酯、
黄柏酮等）、甾体成分（7-脱氢豆甾醇等），具有抗菌、抗炎、镇痛、
抗过敏、降血糖、抗癌、抗氧化、抗溃疡、利胆、抗心律失常、降压、
镇静等作用。

◆ **用法和禁忌**

黄柏苦寒沉降，长于清泻下焦湿热。治疗湿热下注之带下黄浊臭秽
者，常与山药、芡实、车前子等同用；治疗湿热下注膀胱、小便短赤热
痛者，常配萆薢、茯苓、车前子等药；治疗湿热泻痢，常与白头翁、黄
连、秦皮同用；治疗湿热黄疸，与栀子同用；对湿热下注所致脚气肿痛、
痿证者，常配苍术、牛膝。黄柏主入肾经，善泻相火、退骨蒸，盐黄柏
尤善滋阴降火。治阴虚火旺，骨蒸潮热、遗精盗汗等，常与知母相须为
用，并配生地黄、山药，或配熟地黄、龟甲用。黄柏治疮疡肿毒，内服
外用均可。治湿疹瘙痒可配荆芥、苦参、白鲜皮等煎服；亦可配煅石膏
等分为末，外撒或油调搽患处。

煎服用量3～12克，外用适量。黄柏苦寒伤胃，脾胃虚寒者忌用。

板蓝根

板蓝根是十字花科植物菘蓝的干燥根。属清热解毒药。又名靛青根、大青根。始载于《新修本草》。

◆ 产地和分布

板蓝根主产于中国江苏、河北、福建等地。秋季采挖，除去泥沙，晒干。切片，生用。商品药材主要来自栽培。

◆ 性状

板蓝根呈圆柱形，稍扭曲，长10～20厘米，直径0.5～1厘米。表面淡灰黄色或淡棕黄色，有纵皱纹、横长皮孔样突起及支根痕。根头略膨大，可见暗绿色或暗棕色轮状排列的叶柄残基和密集的疣状突起。体实，质略软，断面皮部黄白色，木部黄色。气微，味微甜后苦涩。

◆ 药性和功用

板蓝根味苦，性寒，归心、胃经。具有清热解毒、凉血、利咽功能，用于瘟疫时毒、发热咽痛、温毒发斑、痄腮、烂喉丹痧、大头瘟疫、丹毒、痈肿。

◆ 成分和药理

板蓝根主要含吲哚类生物碱（靛蓝、靛玉红等）、喹唑酮、喹啉、有机酸等，具有抗内毒素、抗菌、抗病毒、解热、抗炎、调节免疫、抗肿瘤、抑制血小板聚集等作用。

中药板蓝根

◆ **用法和禁忌**

板蓝根苦寒，入心胃经，善于清解实热火毒，有类似于大青叶的清热解毒之功，而更以解毒利咽散结见长。用治外感风热或温病初起，发热头痛咽痛，可单用，或与金银花、连翘等疏散风热药同用；治风热上攻，咽喉肿痛，常与玄参、马勃、牛蒡子等同用。板蓝根还有清热解毒、凉血消肿之功，主治多种瘟疫热毒之证。治时行温病、温毒发斑、舌绛紫暗者，常与生地黄、紫草、黄芩同用；治丹毒、痄腮、大头瘟疫，头面红肿，咽喉不利者，常配伍黄连、黄芩、牛蒡子等药。此外，板蓝根具有较高的临床应用价值，主要用于治疗病毒感染性疾病，对流行性感冒有良好的预防和治疗作用；还可用于治疗急性咽喉炎、流行性乙脑炎、慢性咽炎、单纯疱疹性角膜炎、带状疱疹、肾病血尿症、水痘等，效果显著。

煎服用量9～15克。体虚而无实火热毒者忌服，脾胃虚寒者忌服。

大 黄

大黄是蓼科植物掌叶大黄、唐古特大黄或药用大黄的干燥根和根茎，因其色黄，故名。属攻下药。又名将军、川军。始载于《神农本草经》。

◆ **产地和分布**

掌叶大黄和唐古特大黄产于中国的四川、甘肃、青海和西藏，习称北大黄。

药用大黄产于中国湖北、四川、云南、贵州等地，习称南大黄。生于山地林缘半阴湿地。

秋末茎叶枯萎或次春发芽前采挖，除去细根，刮去外皮，切瓣或段，绳穿成串干燥或直接干燥。商品药材主要来源于栽培。

◆ **性状**

大黄呈类圆柱形、圆锥形、卵圆形或不规则块状，长 3 ~ 17 厘米，直径 3 ~ 10 厘米。除尽外皮者表面黄棕色至红棕色，有的可见类白色网状纹理及星点（异型维管束）散在，残留的外皮棕褐色，多具绳孔及粗皱纹。质坚实，有的中心稍松软，断面淡红棕色或黄棕色，显颗粒性。根茎髓部宽广，有星点环列或散在。根木部发达，具放射状纹理，形成层环明显，无星点。气清香，味苦而微涩，嚼之黏牙，有沙粒感。

◆ **药性和功用**

大黄味苦，性寒，归胃、大肠、脾、肝经。具有泻下导滞、泻火解毒、逐瘀通经、利湿退黄、祛瘀止血功能，用于实热内结、便秘、腹痛、湿热黄疸、泻痢不爽、吐血衄血、血瘀经闭、癥瘕积聚、热淋血淋、暴发火眼、痈疽疔疮、跌打损伤、水火烫伤等。

◆ **成分和药理**

大黄主要含蒽醌（大黄酸、大黄素、芦荟大黄素）、结合蒽醌（大黄素甲醚 -8-

掌叶大黄

葡萄糖苷)、双蒽醌(番泻苷 A、B、C、D)、鞣质等,具有致泻、保肝、利胆、抗纤维化、抗菌、抗炎、抗病毒、止血、降血脂、降血压、利尿、抗衰老等作用。

◆ 用法和禁忌

大黄为治疗积滞便秘之要药,实热积滞便秘尤为适宜。治疗急性热病实热内结者,宜配厚朴、枳实、芒硝。治疗里实寒积,可配附子、细辛。治疗湿热黄疸,配茵陈、栀子。治疗湿热痢疾,配黄连、白头翁。治疗热盛吐衄,配黄芩、黄连。治疗疔疮等红肿热痛之证,可单用或与野菊花、蒲公英同用。治疗胃热呕吐,配伍甘草可平胃

中药大黄

降逆。治疗肠梗阻、胆囊炎、阑尾炎等急腹症,用单味大黄粉或大黄为主的复方。治疗上消化道出血可用大黄提取物制成的糖浆或片剂。大黄粉外用或兼内服可治疗疮痈疖、脓肿火丹。石灰制大黄粉调敷可治烫火伤。酒制大黄泻下力较弱,活血作用较好,宜用于瘀血证。大黄炭则多用于出血证。

内服煎汤用量 3 ~ 15 克,用于泻下时不宜久煎;外用适量。制剂有大黄流浸膏,口服每次 0.5 ~ 1 毫克,一日 2 ~ 3 次;大黄酊口服每次 1 ~ 4 毫克,一日 2 ~ 3 次。大黄为峻烈攻下之品,易伤正气,如非实证,不宜妄用;其性味苦寒,易伤胃气,脾胃虚弱者慎用;性沉降,且善活血祛瘀,孕妇,月经期、哺乳期妇女慎用。

芦荟

芦荟是百合科植物库拉索芦荟、好望角芦荟、k 或其他同属近缘植物叶的汁液浓缩干燥物,前者习称"老芦荟",后者习称"新芦荟"。属攻下药。又名卢会。始载于《开宝本草》。

◆ 产地和分布

芦荟主产于南美洲北岸附近的库拉索,中国福建、台湾、广东、广西、四川、云南等地有栽培。

全年均可采收,割取叶片,将叶汁浓缩干燥,砸成小块。商品药材主要来自栽培。

◆ 性状

库拉索芦荟呈不规则块状,常破裂为多角形,大小不一。表面呈暗红褐色或深褐色,无光泽。体轻,质硬,不易破碎,断面粗糙或显麻纹。富吸湿性。有特殊臭气,味极苦。

好望角芦荟表面呈暗褐色,略显绿色,有光泽。体轻,质松,易碎,断面玻璃样而有层纹。

◆ 药性和功用

芦荟味苦,性寒,归肝、胃、大肠经。具有泻下通便、清肝泻火、杀虫疗疳功能,用于热结便秘、惊痫抽搐、小儿疳积,外用治癣疮。

库拉索芦荟

好望角芦荟

◆ **成分和药理**

芦荟主要含蒽醌（芦荟苷、芦荟大黄素苷、异芦荟大黄素苷）、多糖等，具有泻下、抑菌、抗炎、抗氧化、保肝、促进伤口愈合、护肤、美白等作用。

中药芦荟

◆ **用法和禁忌**

芦荟为峻下之品，可用于胃肠积热，热结便秘之症。若配伍朱砂，可清火通便，除烦安神。配伍胡黄连，可共奏消疳行积之功，用于小儿疳积潮热、腹胀便秘等。配伍人参，能消疳除热而不伤正，益气补中而不恋邪，可用于小儿疳积发热、形体消瘦。

煎服用量2～5克，宜入丸散；外用适量，研末敷患处。脾胃虚弱，食少便溏者忌用。孕妇慎用。

三 七

三七是五加科植物三七的干燥根，支根习称"筋条"，茎基习称"剪口"。属化瘀止血药。又称田七、滇七、参三七等。始载于《本草纲目》。

◆ **产地和分布**

三七栽培于中国云南和广西，后广东（乐昌、南雄、信宜）、福建（长泰、南靖、连城）、江西（庐山）以及浙江等地也有试种。种植于海拔400～1800米的森林下或山坡上人工荫棚下。

秋季花开前采挖，洗净，分开主根、支根及茎基，干燥。商品药材主要来自栽培。人工栽培的三七多种在田野，故称为田七。

◆ **性状**

三七主根呈类圆锥形或圆柱形，长1～6厘米，直径1～4厘米。表面灰褐色或灰黄色，有断续的纵皱纹及支根痕。顶端有茎痕，周围有瘤状突起。体重，质坚实，断面

三七

灰绿色、黄绿色或灰白色，木部微呈放射状排列。气微，味苦回甜。筋条呈圆柱形，长2～6厘米，上端直径约0.8厘米，下端直径约0.3厘米。剪口呈不规则的皱缩块状及条状，表面有数个明显的茎痕及环纹，断面中心灰白色，边缘灰色。

◆ **药性和功用**

三七味甘、微苦，性温，归肝、胃经。具有散瘀止血、消肿定痛功能，用于咯血、吐血、衄血、便血、崩漏、外伤出血、胸腹刺痛、跌扑肿痛。

◆ **成分和药理**

三七主要含有三萜皂苷（如三七皂苷R1、R2，人参皂苷Rb1、Rd、Re、Rg1等）、多炔、黄酮、多糖等，具有止血、抗血栓、促进造血、改善微循环、抗心肌缺血、抗脑缺血、抗动脉粥样硬化、抗肝脏缺血再灌注损伤、抗肾间质纤维化、保肝、调血脂、抗肿瘤、调节免疫、延缓衰老等作用。

◆ **用法和禁忌**

三七入肝经血分，功善止血，又能化瘀生新，有止血不留瘀、化瘀不伤正的特点，对人体内外各种出血，无论有无瘀滞均可应用，尤以有

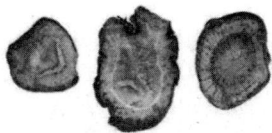

三七饮片

瘀滞者为宜。单味内服外用均有良效。治疗吐血、衄血、崩漏，单用米汤调服；治疗咳血、吐血、衄血及二便下血，可与花蕊石、血余炭合用；治疗各种外伤出血，可单用研末外搽，或配龙骨、血竭等同用。三七还能活血化瘀而消肿定痛，为治瘀血诸证之佳品、伤科之要药，人们誉为"金不换"。云南白药中即含有三七。凡跌打损伤或筋骨折伤、瘀血肿痛等，均首选三七。可单味应用，以三七为末，黄酒或白开水送服，皮破者亦可用三七粉外敷；也可配伍活血行气药同用，活血定痛之功更著。三七对痈疽肿痛也有良效。如治无名痈肿、疼痛不已，研末以米醋调涂；治痈疽破烂，常与乳香、没药、儿茶等同用。三七还有补虚强壮的作用，民间用治虚损劳伤，常与猪肉炖服。此外，三七的叶也有止血消炎的作用。

煎服用量3～9克，研粉吞服一次1～3克；外用适量，研末外搽或调敷。孕妇慎用。

茜 草

茜草是茜草科植物茜草的干燥根及根茎。属化瘀止血药。又称四轮草、拉拉蔓、小活血等。始载于《神农本草经》。

◆ 产地和分布

茜草产于中国东北、华北、西北和四川北部，以及西藏昌都等地。常生于疏林、林缘、灌丛或草地上。

春、秋二季采挖，除去泥沙，干燥。商品药材主要来自栽培。

◆ **性状**

茜草根茎呈结节状，丛生粗细不等的根。根呈圆柱形，略弯曲，长 10 ～ 25 厘米，直径 0.2 ～ 1 厘米；表面红棕色或暗棕色，具细纵皱纹及少数细根痕；皮部脱落处呈黄红色。质脆，易折断，断面平坦皮部狭，紫红色，木部宽广，浅黄红色，导管孔多数。无臭，味微苦，久嚼刺舌。

◆ **药性和功用**

茜草味苦，性寒，归肝经。具有凉血、止血、祛瘀、通经功能，用于吐血、衄血、崩漏、外伤出血、经闭瘀阻、关节痹痛、跌扑肿痛。

茜草

◆ **成分和药理**

茜草主要含有蒽醌（如羟基茜草素、茜草素、异茜草素）、萘醌（如大叶茜草素、茜草内酯、二氢大叶茜草素、萘氢醌）、萜类、环肽、多糖等，具有止血、免疫抑制、抗辐射、抗肿瘤、抗艾滋病病毒、抗炎、抗菌、止咳、祛痰等作用。

◆ **用法和禁忌**

茜草善走血分，既能凉血止血，又能活血行血，故可用于血热妄行或血瘀脉络之出血证，对于血热夹瘀的各种出血证尤为适宜。治疗吐血不止，单用为末煎服；治疗衄血，可与艾叶、乌梅同用；治疗血热崩漏，常配伍生地黄、生蒲黄、侧柏叶等；若与黄芪、白术、山茱

中药茜草

萸等同用，可用于气虚不摄的崩漏下血；治尿血，常与小蓟、白茅根等同用。茜草还能通经络、行瘀滞，故可用治经闭、跌打损伤、风湿痹痛等血瘀经络闭阻之证，尤为妇科调经要药。治疗血滞经闭，单用以酒煎服，或配伍桃仁、红花、当归等同用；治疗跌打损伤，可单味泡酒服，或配三七、乳香、没药等同用；治疗痹证，可单用浸酒服，或配伍鸡血藤、海风藤、延胡索等同用。此外，茜草还能治疗胃火炽盛证、肝火上炎证、阴虚火旺证等。行血通经宜生用，止血宜炒炭用。

煎服用量 6 ～ 9 克。

丹　参

丹参是唇形科植物丹参的干燥根及根茎。属活血调经药。始载于《神农本草经》。

◆ **产地和分布**

丹参产于中国河北、山西、陕西、山东、河南、江苏、浙江、安徽、江西及湖南；生长于山坡、林下草丛或溪谷旁，海拔 120 ～ 1300 米。日本也有。

春、秋二季采挖，除去泥沙，干燥。商品药材主要来自栽培。

◆ **性状**

丹参根茎短粗，顶端有时残留茎基。根数条，长圆柱形，略弯

曲，有的分枝并具须状细根，长
10～20厘米，直径0.3～1厘米。
表面棕红色或暗棕红色，粗糙，
具纵皱纹。老根外皮疏松，多显
紫棕色，常呈鳞片状剥落。质硬
而脆，断面疏松，有裂隙或略平

丹参

整而致密，皮部棕红色，木部灰黄色或紫褐色，导管束黄白色，呈放射
状排列。气微，味微苦涩。

栽培品较粗壮，直径0.5～1.5厘米。表面红棕色，具纵皱，外皮
紧贴不易剥落。质坚实，断面较平整，略呈角质样。

◆ **药性和功用**

丹参味苦，性微寒，归心、肝经。具有祛瘀止痛、活血通经、清心
除烦功能，用于月经不调、经闭痛经、癥瘕积聚、胸腹刺痛、热痹疼痛、
疮疡肿痛、心烦不眠、肝脾肿大、心绞痛。

◆ **成分和药理**

丹参主要含有二萜醌（如丹参酮Ⅰ、ⅡA、ⅡB，隐丹参酮，异丹
参酮，二氢丹参酮Ⅰ）、酚酸（如丹酚酸A、B、C，迷迭香酸，紫草
酸B，原儿茶酸，原儿茶醛）、黄酮、三萜等，具有改善心脑血管和微
循环、抗氧化、抗肿瘤、抗菌等作用。

◆ **用法和禁忌**

丹参善活血祛瘀，性微寒而缓，能祛瘀生新而不伤正，善调经水，
为妇科调经常用药。临床常用于月经不调、经闭痛经及产后瘀滞腹痛。

中药材丹参

因其性偏寒凉，对血热瘀滞之证尤为适宜，可单用研末以酒调服，亦可配伍川芎、当归、益母草等药。配伍吴茱萸、肉桂等用，可治寒凝血滞。丹参善能通行血脉、祛瘀止痛，广泛应用于各种瘀血病证。治疗血脉瘀阻之胸痹心痛、脘腹疼痛，可配伍砂仁、檀香；治疗癥瘕积聚，可配伍三棱、莪术、鳖甲等药；治疗跌打损伤、肢体瘀血作痛，常与当归、乳香、没药等同用；治疗风湿痹证，可配伍防风、秦艽等祛风除湿药用。此外，丹参既能凉血活血，又能清热消痈，可用于热毒瘀阻引起的疮痈肿毒，常配伍清热解毒药用。治疗乳痈初起，可与金银花、连翘等同用。丹参还可除烦安神，既能活血又能养血以安神定志。用于热病邪入心营之烦躁不寐，甚或神昏，可配伍生地黄、玄参、黄连、竹叶等；用于血不养心之失眠、心悸，常与生地、酸枣仁、柏子仁等同用。

煎服用量 10 ～ 15 克，活血化瘀宜酒炙用。不宜与藜芦同用。

熊　胆

熊胆是脊椎动物熊科棕熊、黑熊的干燥胆汁。属清热解毒药。始载于《新修本草》。

◆ 产地和分布

熊胆主产于中国东北、云南、福建、四川。以人工养殖熊无管造瘘引流取胆汁干燥后入药。商品药材主要来自人工养殖。2021 年 2 月正式公布的《国家重点保护野生动物名录》将棕熊和黑熊列为国家二级保护动物，现在已不再使用或采用其他替代品。

◆ **性状**

熊胆呈不规则片块状、颗粒状或粉末状。金黄色至深棕色，有的呈黄绿色、墨绿色或黑褐色，半透明或微透明，有玻璃样光泽。质脆，易吸潮。气清香，微腥，味极苦，清凉微回甜而有黏舌感。

◆ **药性和功用**

熊胆味苦，性寒，归肝、胆、心经。具有清热解毒、息风止痉、清肝明目功能，用于热极生风、惊痫抽搐、热毒疮痈、目赤翳障。

◆ **成分和药理**

熊胆含有胆汁酸、异黄酮等，具有解热镇痛、保肝利胆、抗炎抗菌抗病毒、抑制肿瘤、降血脂、降血糖等作用。

◆ **用法和禁忌**

熊胆能凉心清肝、息风止痉，主治肝火炽盛、热极生风所致的高热惊风、癫痫、子痫，手足抽搐。和乳汁及竹沥化服，可治疗小儿痰热惊痫；单用温开水化服，可用治子痫。用于热毒蕴结所致之疮疡痈疽、痔疮肿痛、咽喉肿痛等，可单用，也可用水调化或加入少许冰片，涂于患部，或配伍其他药制成软膏、丸剂用。还可治疗肝热目赤肿痛、羞明流泪及目生障翳等症，少许蒸水外洗可用治新生儿胎热目闭多眵；或与冰片化水，外用点眼。此外，还可用于黄疸、小儿疳积、风虫牙痛等。

内服用量 0.25 ～ 0.5 克，入丸散剂。有腥苦味，口服易引起呕吐，故宜用胶囊剂。外用适量，调涂患处。脾胃虚寒者忌服。虚寒证当禁用。

龙　胆

龙胆是龙胆科植物条叶龙胆、龙胆、三花龙胆或坚龙胆的干燥根和根茎，前三种习称龙胆，后一种习称坚龙胆。属清热燥湿药。始载于《神农本草经》。

◆ 产地和分布

条叶龙胆产于中国内蒙古、黑龙江、吉林、辽宁、河南、湖北、湖南、江西、安徽、江苏、浙江、广东、广西。生于海拔100～1100米山坡草地、湿草地、路旁。朝鲜也有分布。

龙胆产于中国内蒙古、黑龙江、吉林、辽宁、贵州、陕西、湖北、湖南、安徽、江苏、浙江、福建、广东、广西。生于海拔

龙胆

400～1700米的山坡草地、路边、河滩、灌丛中、林缘及林下、草甸。俄罗斯、朝鲜、日本也有分布。

三花龙胆产于中国内蒙古、黑龙江、辽宁、吉林、河北。生于海拔640～950米草地、湿草地、林下，在俄罗斯、朝鲜、日本也有分布。

滇龙胆草（坚龙胆）产于中国云南、四川、贵州、湖南、广西。生于海拔1100～3000米山坡草地、灌丛中、林下及山谷中。

春、秋二季采挖，洗净，干燥。商品药材主要来自栽培。

◆ 性状

龙胆根茎呈不规则的块状，长1～3厘米，直径0.3～1厘米；表

面暗灰棕色或深棕色，上端有茎痕或残留茎基，周围和下端着生多数细长的根。根圆柱形，略扭曲，长 10 ～ 20 厘米，直径 0.2 ～ 0.5 厘米；表面淡黄色或黄棕色，上部多有显著的横皱纹，下部较细，有纵皱纹及支根痕。质脆，易折断，断面略平坦，皮部黄白色或淡黄棕色，木部色较浅，呈点状环列。气微，味甚苦。

坚龙胆表面无横皱纹，外皮膜质，易脱落，木部黄白色，易与皮部分离。

◆ 药性和功用

龙胆味苦，性寒，归肝、胆经。具有清热燥湿、泻肝胆火功效，用于湿热黄疸、阴肿阴痒、带下、湿疹瘙痒、肝火目赤、耳鸣耳聋、胁痛口苦、强中、惊风抽搐。

◆ 成分和药理

龙胆含有裂环环烯醚萜苷、生物碱、黄酮、香豆素、多糖等，具有保肝、抗炎、调控中枢兴奋抑制、健胃利胆等作用。

◆ 用法和禁忌

龙胆尤善清下焦湿热，常用治下焦湿热所致诸证。用治湿热黄疸，可配苦参用，或配栀子、大黄、白茅根等药同用；若治湿热下注，阴肿阴痒、湿疹瘙痒、带下黄臭，常配泽泻、木通、车前子等药同用。龙胆亦善泻肝胆实火，用治肝火头痛、目赤耳聋、胁痛口苦，可配柴胡、黄芩、栀子等药同用。用治肝经热盛，热极生风所致之高热惊风抽搐，可配牛黄、青黛、黄连，或黄柏、

龙胆饮片

大黄、芦荟等药同用。

煎服用量3～6克。脾胃虚寒者不宜用，阴虚津伤者慎用。

陈　皮

陈皮是芸香科植物橘及其栽培变种的干燥成熟果皮。属理气药。又称橘皮、贵老、黄橘皮。始载于《神农本草经》。

◆ **产地和分布**

柑橘广泛栽培于中国长江以南各地，以广东及福建省质量最佳、四川等地产量多。在江苏、安徽、浙江、江西等地均有栽培。秋末冬初（10～12月）采摘成熟果实，剥取果皮，晒干或低温干燥。商品药材主要来自栽培。

◆ **性状**

陈皮分为"陈皮"和"广陈皮"。

陈皮常剥成数瓣，基部相连，有的呈不规则的片状，厚1～4毫米。外表面橙红色或红棕色，有细皱纹和凹下的点状油室；内表面浅黄白色，粗糙，附黄白色或黄棕色筋络状维管束。质稍硬而脆。气香，味辛、苦。

广陈皮常3瓣相连，形状整齐，厚度均匀，约1毫米。外表面橙黄色至棕褐色，点状油室较大，对光照视，透明清晰。质较柔软。

◆ **药性和功用**

陈皮味苦、辛，性温，归肺、脾经。具有理气健脾、和中止痛、宣肺止咳、燥湿化痰、散结消痈功能，用于脾胃气滞、脘腹胀满、食少吐泻、咳嗽痰多、痰湿壅滞、胸痹、呃逆、便秘等症。

◆ **成分和药理**

陈皮主要含黄酮（橙皮苷、新橙皮苷、川陈皮素和橘皮素等）、挥发油（陈皮挥发油、广陈皮挥发油、右旋柠檬烯、β- 月桂烯等）、生物碱、肌醇、维生素、胡萝卜素等，具有兴奋心脏、调节胃肠平滑肌、保肝、利胆、祛痰、扩张支气管、抗炎、抗氧化、抗肿瘤等作用。

◆ **用法和禁忌**

陈皮可治脾胃气滞证，与党参、白术配伍，可用于脘腹胀满、食少吐泻、嗳气吞酸等。与枳实、生姜配伍可行气止痛治胸痹。同时，陈皮味苦燥湿，辛温暖脾，可温化水湿，故为治痰理咳要药。还能散结消痈，与甘草同用可治乳痈初起。行气化滞利谷道，可单用，亦可与桃仁、杏仁同用。另外，陈皮药食同源，能用于食物烹调，还可作为化痰止咳、顺气解渴的休闲食品。

煎服用量 3 ～ 10 克，或入丸散剂。不宜与半夏、南星同用；不宜与温热香燥药物同用。气虚者、阴虚燥咳、吐血、衄血及舌赤少津、内有实热者慎服。

秦 皮

秦皮是木犀科植物苦枥白蜡树、白蜡树、尖叶白蜡树或宿柱白蜡树的干燥树皮。属清热燥湿药。又名岑皮、秦白皮。始载于《神农本草经》。

◆ **产地和分布**

秦皮主产于中国吉林、辽宁、河南等地。春、秋二季剥取，晒干。

商品药材主要来自栽培。

◆ **性状**

秦皮枝皮呈卷筒状或槽状，长 10～60厘米，厚1.5～3毫米。外表面灰白色、灰棕色至黑棕色或相间呈斑状，平坦或稍粗糙，并有灰白色圆点状皮孔及细斜皱纹，有的具分枝痕。内表面黄白色或棕色，平滑。质硬而脆，断面纤维性，黄白色。气微，味苦。

白蜡树

秦皮干皮为长条状块片，厚3～6毫米。外表面灰棕色，具龟裂状沟纹及红棕色圆形或横长的皮孔。质坚硬，断面纤维性较强。

◆ **药性和功用**

秦皮味苦、涩，性寒，归肝、胆、大肠经。具有清热燥湿、收涩止痢止带、明目功能，用于湿热泻痢、赤白带下、目赤肿痛、目生翳膜。

◆ **成分和药理**

秦皮主要含香豆素（如秦皮甲素、秦皮乙素、秦皮素、秦皮苷、紫丁香苷）、黄酮、生物碱（如东莨菪素）、鞣质、皂苷等，具有抗炎、镇痛、抗菌、抗过敏、抗肿瘤、抗氧化、利尿、促进尿酸排泄、保护血管、保肝等作用。

◆ **用法和禁忌**

秦皮性苦寒而收涩，功能清热燥湿、收涩止痢、止带，故可用治湿热泻痢、里急后重，常与白头翁、黄连、黄柏等药同用；若治湿热下注之带下，配伍牡丹皮、当归同用。秦皮还能泻肝火、明目退翳，用治肝经郁火所致目赤肿痛、目生翳膜，可单用煎水洗眼，或配栀子、淡竹叶煎服。治肝经风热、目赤生翳，可配秦艽、防风等药。

煎服用量 6 ～ 12 克。外用适量，煎洗患处。脾胃虚寒者忌用。

青 蒿

青蒿是菊科植物黄花蒿的干燥地上部分。属清虚热药。又名草蒿。青蒿古名"菣"，意为"治疗疟疾之草"，始载于《神农本草经》。

◆ **产地和分布**

黄花蒿在中国各地均有分布。

秋季花盛开时采收。除去老茎，阴干。切段生用，或鲜用。商品药材主要来自栽培。

◆ **性状**

青蒿茎呈圆柱形，上部多分枝，长 30 ～ 80 厘米，直径 0.2 ～ 0.6 厘米表面黄绿色或棕黄色，具纵棱线；质略硬，易折断，断面中部有髓。叶互生，暗绿色或棕绿色，卷缩易碎，完整者展平后为三回羽状深裂，裂片和小裂片矩圆形或长椭圆形，两面被短毛。气香特异，味微苦。

◆ **药性和功用**

青蒿味苦、辛，性寒，归肝、胆经。具有清虚热、除骨蒸、解暑热、截疟、退黄功能，用于温邪伤阴、夜热早凉、阴虚发热、骨蒸劳热、暑

黄花蒿

邪发热、疟疾寒热、湿热黄疸。

◆ **成分和药理**

青蒿主要含有倍半萜类（青蒿素、青蒿酸、青蒿醇等）、黄酮类和挥发油等，具有抗病毒、抗疟原虫、利胆、解热、镇痛、抗炎、抗肿瘤、降压、抗心律失常等作用。

◆ **用法和禁忌**

青蒿苦寒清热、辛香透散，长于清透阴分伏热。治疗温病后期，阴液已伤而余热未清，见夜热早凉，热退无汗，或低热不退等，常与鳖甲、知母、牡丹皮等同用。青蒿还有退虚热、除骨蒸的作用。治疗阴虚发热，骨蒸劳热、五心烦热、舌红少苔者，常配伍银柴胡、胡黄连、鳖甲等。还有外解暑热的功能，治疗外感暑热、头痛头昏、发热口渴等，常与西瓜翠衣、茯苓、滑石等同用。青蒿主入肝胆经，善截疟，消除寒热，为治疟疾要药。治疗疟疾寒热，可单用鲜品较大剂量绞汁服；或与柴胡、黄芩、青黛等同用。治疗湿热郁遏少阳，三焦气机不畅，寒热如疟，胸膈胀闷，常与黄芩、竹茹、半夏等配伍。此外，青蒿还能退黄疸。治疗湿热黄疸，一身面目俱黄、黄色鲜明、舌苔黄腻者，常与茵陈、大黄等清热利湿退黄之品同用。

煎服用量 6 ～ 12 克，入汤剂宜后下；或鲜用绞汁服；外用适量。脾胃虚弱、肠滑泄泻者忌用。

儿 茶

儿茶是豆科植物儿茶的去皮枝干的干燥煎膏。属活血疗伤药。又称乌丁泥、孩儿茶。始载于《饮膳正要》。

◆ **产地和分布**

儿茶产于中国云南、广西、广东、浙江南部及台湾。其中除云南（西双版纳、临沧）有野生外，其余均为引种。

冬季采收枝干，除去外皮，砍成大块，加水煎煮，浓缩，干燥。商品药材来源于栽培。

◆ **性状**

儿茶呈方形或不规则块状，大小不一。表面棕褐色或黑褐色，光滑而稍有光泽。质硬，易碎，断面不整齐，具光泽，有细孔，遇潮有黏性。气微，味涩、苦，略回甜。

◆ **药性和功用**

儿茶味苦、涩，性微寒，归肺、心经。具有活血止痛、止血生肌、收湿敛疮、清肺化痰功能，用于跌扑伤痛、外伤出血、吐血衄血、疮疡不敛、湿疹湿疮、肺热咳嗽。

◆ **成分和药理**

儿茶主要含有黄酮（如儿茶素、表儿茶素、槲皮万寿菊素）、鞣质（如赭朴鞣质、焦儿茶鞣质）、多糖等，具有抗病原体、增强人体免疫力、抗心律失常、降低血管通透性、防癌、抗氧化、保肝解毒、降血糖、降血脂、降胆固醇等作用。

◆ **用法和禁忌**

儿茶性涩，既能活血散瘀，又能收敛止血，可用于多种内外伤出血病证。治外伤出血，可与血竭、降香、白及、龙骨等药同用；治内伤出血如吐血、便血、崩漏等，既可单用内服，又可配大黄、虎杖等同用。儿茶苦燥性凉，还能解毒收湿、敛疮生肌，故外用可治疗多种外科疮疡痔疮等病证。治诸疮溃烂、久不收口，可与乳香、没药、冰片、血竭、龙骨等同用，研末外敷；治疗皮肤湿疮，可配伍龙骨、轻粉等；治疗口疮，可配伍硼砂等份为末，外搽患处；治疗下疳阴疮，可单用研末，或配珍珠、冰片研末外敷；治疗痔疮肿痛，研为末配少许麝香，调敷患处。儿茶内服还能清肺化痰，可治疗肺热咳嗽有痰，配伍桑叶、硼砂、苏子等。

内服用量 1 ～ 3 克，多入丸、散剂，入煎剂可适当加量，宜布包。外用适量，研末撒或调敷。

穿心莲

穿心莲是爵床科植物穿心莲的干燥地上部分。属清热解毒药。又名一见喜。始载于《岭南采药录》。

◆ **产地和分布**

穿心莲产于中国福建、广东、海南、广西、云南等地，江苏、陕西亦有引种。原产地可能在南亚，澳大利亚也有栽培。

秋初茎叶茂盛时采割，晒干。商品药材主要来自栽培。

◆ **性状**

穿心莲茎呈方柱形，多分枝，长 50 ～ 70 厘米，节稍膨大；质脆，易折断。单叶对生，叶柄短或近无柄；叶片皱缩、易碎，完整者展平后呈披针形或卵状披针形，长 3～12 厘米，宽 2～5 厘米，先端渐尖，基部楔形下延，全缘或波状；上表面绿色，下表面灰绿色，两面光滑。气微，味极苦。

穿心莲

◆ 药性和功用

穿心莲味苦，性寒，归心、肺、大肠、膀胱经。具有清热解毒、凉血、消肿功能。用于感冒发热、咽喉肿痛、口舌生疮、顿咳劳嗽、泄泻痢疾、热淋涩痛、痈肿疮疡、蛇虫咬伤。

◆ 成分和药理

穿心莲主要含有二萜内酯类、黄酮类、苯丙素类、环烯醚萜类、生物碱、甾醇类、酚苷类、四甲基环己烯类、三萜等，具有解热抗炎、抗菌、抗病毒、降糖、抑制血小板聚集、保肝、保护心肌心血管、抗肿瘤等作用。

◆ 用法和禁忌

穿心莲单用可治外感风热或温病初起、发热头痛，亦常与金银花、连翘、薄荷等同用。清肺火、凉血消肿，常与黄芩、桑白皮、地骨皮合用，治疗肺热咳嗽气喘；或与鱼腥草、桔梗、冬瓜仁等药同用，治肺痈咳吐脓痰。与玄参、牛蒡子、板蓝根等药同用，可治咽喉肿痛。并有燥湿、止痢功效，凡湿热诸证均可应用。用治胃肠湿热、腹痛泄泻、下痢脓血者，可单用，或与苦参、木香等同用。用治膀胱湿热、小便淋沥涩痛，多与车前子、白茅根、黄柏等药合用。治湿疹瘙痒，可以研为末，用甘油调涂患处。还可用于湿热黄疸、湿热带下等证。穿心莲还能凉血消痈，可用治火热毒邪诸证。用治热毒壅聚、痈肿疮毒者，可单用或配金银花、野菊花、重楼等同用，并用鲜品捣烂外敷。若治蛇虫咬伤者，可与墨旱莲同用。

煎服用量 6 ～ 9 克。煎剂易致呕吐，故多作丸、散、片剂，不宜多服久服。外用适量。脾胃虚寒者不宜用。

桔　梗

桔梗是桔梗科植物桔梗的干燥根。属化痰药。又称梗草。始载于《神农本草经》。

◆ 产地和分布

桔梗在中国大部分地区均有分布。生长于山坡草丛中。

春、秋二季采挖，洗净，除去须根，趁鲜剥去外皮或不去外皮，干燥。商品药材主要来源于栽培。

◆ 性状

桔梗呈圆柱形或略呈纺锤形，下部渐细，有的有分枝，略扭曲，长 7 ～ 20 厘米，直径 0.7 ～ 2 厘米。表面淡黄白色至黄色，不去外皮者表面黄棕色至灰棕色，具纵扭皱沟，并有横长的皮孔样斑痕及支根痕，上部有横纹。有的顶端有较短的根茎或不明显，其上有数个半月形茎痕。质脆，断面不平坦，形成层环棕色，皮部黄白色，有裂隙，木部淡黄色。

气微，味微甜后苦。

◆ 药性和功用

桔梗味苦、辛，性平，归肺经。具有宣肺、利咽、祛痰、排脓功能，用于咳嗽痰多、胸闷不畅、咽痛音哑、肺痈吐脓。

◆ 成分和药理

桔梗主要含皂苷（桔梗皂苷A、C、D，远志酸，桔梗酸）、多糖、黄酮、甾体、酚酸、挥发油等，具有抗炎、抗胃溃疡、祛痰镇咳、解热镇痛、保肝、抗肿瘤、免疫调节、降血糖、降血脂等作用。

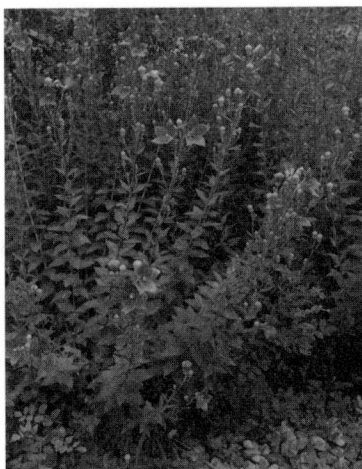

桔梗

◆ 用法和禁忌

桔梗常用于咳嗽痰多、咽喉肿痛、肺痈脓痰、胸闷胁肋疼痛、痢疾腹痛。治疗风寒束肺者，配伍苏叶、杏仁等以疏风宣肺散寒；治疗风热袭肺者，配伍桑叶、菊花等以疏风宣肺清热；若咳嗽痰多，偏寒者配伍半夏、款冬花等温化寒痰药，偏热者配伍瓜蒌、贝母等清热化痰药加强化痰止咳作用。治疗外邪壅肺，可随证情寒热选配荆芥、防风或薄荷、蝉蜕、牛蒡子等以发散外邪，兼有失声者，加配诃子、木蝴蝶以利咽开音；治疗热毒较盛、咽喉红肿疼痛或已化脓者，则配伍金银花、山豆根、马勃等以清热解毒排脓；属阴虚咽痛者，宜配伍生地黄、玄参、麦冬等以滋阴降火，利咽止痛。现临床上亦常与鱼腥草相配伍用，有较好的清热排脓作用。配伍枳壳可升降气机、宽胸利膈，兼有血瘀而胸胁刺痛者，可加配当归、川芎、赤芍等活血之品；若治寒实结胸，则配巴豆、贝母破积消痰。在治痢方中加入桔梗，可缓解腹痛及里急后重。另外，桔梗也是食用蔬菜，还可用于保健品和化妆品中。

桔梗饮片

煎服用量3～10克，或入丸、散剂；外用适量，烧灰研末敷。阴虚久咳及咳血者禁服；胃溃疡者慎服。不宜过量，用量过大会导致恶心呕吐。

北豆根

北豆根是防己科植物蝙蝠葛的干燥根茎。属清热解毒药。又名野豆根、蝙蝠葛根，为北方地区所习用。始载于《中国药典》（1977）。

◆ **产地和分布**

北豆根主产于中国东北、华北及陕西等地。春、秋两季采挖，除去须根和泥土，干燥，切片生用。商品药材主要来自栽培。

◆ **性状**

北豆根呈细长圆柱形，弯曲，有分枝，长可达50厘米，直径0.3～0.8厘米。表面黄棕色至暗棕色，多有弯曲的细根，并可见突起的根痕和纵皱纹，外皮易剥落。质韧，不易折断，断面不整齐，纤维细，木部淡黄色，呈放射状排列，中心有髓。气微，味苦。

◆ **药性和功用**

北豆根味苦，性寒，有小毒，归肺、胃、大肠经。具有清热解毒、祛风止痛功能，用于热毒壅盛、咽喉肿痛、热毒泻痢及风湿痹痛。

◆ **成分和药理**

北豆根主要含生物碱（蝙蝠葛碱、去甲蝙蝠葛诺林碱、青防己碱等）等，具有抑菌、抗心律失常、抗脑缺血、抗炎、

蝙蝠葛

镇痛、肌肉松弛、抗变态反应、降压、抗血小板聚集、镇咳祛痰等作用。

◆ **用法和禁忌**

北豆根大苦大寒，用法与山豆根相同。煎服用量 3 ～ 9 克。脾胃虚寒者不宜使用。

山豆根

山豆根是豆科植物越南槐的干燥根及根茎。属清热解毒药。又名广豆根。始载于《开宝本草》。

◆ **产地和分布**

山豆根主产于中国广西、广东、江西等地。秋季采挖。除去杂质，洗净，干燥。切片生用。商品药材主要来自栽培。

◆ **性状**

山豆根呈不规则的结节状，顶端常残存茎基，其下着生根数条。根

呈长圆柱形，常有分枝，长短不等，直径 0.7 ～ 1.5 厘米。表面棕色至棕褐色，有不规则的纵皱纹及横长皮孔样突起。质坚硬，难折断，断面皮部浅棕色，木部淡黄色。有豆腥气，味极苦。

越南槐

◆ **药性和功用**

山豆根味苦，性寒，有毒，归肺、胃经。具有清热解毒、利咽消肿的功效，用于火毒蕴结、乳蛾喉痹、咽喉肿痛、齿龈肿痛、口舌生疮。

◆ **成分和药理**

山豆根主要含生物碱（苦参碱、氧化苦参碱等）、黄酮（柔枝槐酮、柔枝槐素等）等，具有明显的抗炎、抗病毒、抗肿瘤、抗过敏、保肝和利尿等作用。

山豆根饮片

◆ **用法和禁忌**

山豆根大苦大寒，功善清肺火、解热毒，利咽消肿，为治疗热毒蕴结、咽喉红肿疼痛的要药。轻者可单用，重者常与桔梗、栀子、连翘等药同用；若治乳蛾喉痹，可配伍射干、天花粉、麦冬等药。山豆根还可清胃火，对胃火上炎引起的牙龈肿痛、口舌生疮均可应用，可单用煎汤漱口，或与石膏、黄连、升麻等清肺胃热解毒之品同用。此外，山豆根还可用于湿热黄疸，肺热咳嗽，痈肿疮毒等证。

煎服用量 3 ～ 6 克；外用适量。山豆根有毒，含有广豆根总碱，大剂量使用会对呼吸中枢先兴奋后抑制，过量服用易引起呕吐、腹泻、胸闷、心悸等副作用，故用量不宜过大。必须严格按照规定的用法用量使用，方能保证用药安全。脾胃虚寒者慎用。

金果榄

金果榄是防己科植物青牛胆或金果榄的干燥块根。属清热解毒药。又名金苦榄、地苦胆。始载于《本草纲目拾遗》。

◆ 产地和分布

金果榄主产于中国广西、湖南、贵州等地。秋、冬二季采挖，除去须根，洗净，晒干。切片，生用。商品药材主要来自栽培。

◆ 性状

金果榄呈不规则圆块状，长 5 ～ 10 厘米，直径 3 ～ 6 厘米。表面棕黄色或淡褐色，粗糙不平，有深皱纹。质坚硬，不易击碎、破开，横断面淡黄白色，导管束略呈放射状排列，色较深。气微，味苦。

◆ 药性和功用

金果榄味苦，性寒，归肺、大肠经。具有清热解毒、利咽、止痛功能，用于咽喉肿痛、痈疽疔毒、泄泻、痢疾、脘腹疼痛。

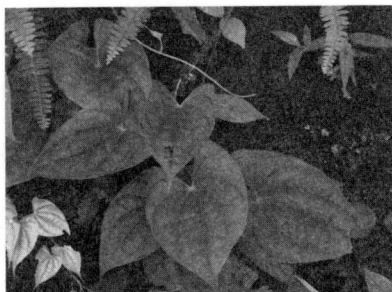

青牛胆

◆ 成分和药理

金果榄主要含季胺生物碱类（防己碱、掌叶防己碱、药根碱）、萜类（非洲防己苦素、异非洲防己苦素）、金果榄苷等，具有抗炎、镇痛、抑菌、抗过敏、抗氧化等作用。

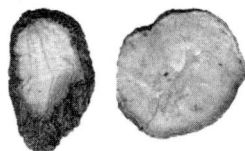

中药金果榄

◆ **用法和禁忌**

金果榄具有清热解毒、利咽消肿之功效，与冰片共研粉吹喉，可以治疗肺胃蕴热，咽喉肿痛；也可与栀子、青果、甘草等同用。与鲜苍耳草捣汁服用，可以治疗热毒蕴结、疔毒疮痈、红肿疼痛。此外，还可用于泄泻、痢疾、脘腹疼痛。

煎服用量 3 ～ 9 克，外用适量。脾胃虚弱者慎用。

功劳木

功劳木是小檗科植物阔叶十大功劳或细叶十大功劳的干燥茎。属清热燥湿药。又名土黄柏、十大功劳。始载于《饮片新参》。

◆ **产地和分布**

功劳木广泛产于中国长江以南各省。全年均可采收，切块或片，干燥。商品药材主要来自栽培。

◆ **性状**

功劳木为不规则的块片，大小不等。外表面灰黄色至棕褐色，有明显的纵沟纹和横向细裂纹，有的外皮较光滑，有光泽，或有叶柄残基。质硬，切面皮部薄，棕褐色，木部黄色，可见数个同心性环纹及排列紧密的放射状纹理，髓部色较深。气微，味苦。

◆ **药性和功用**

功劳木味苦，性寒，归肝、胃、大肠经。具有清热燥湿、泻火解毒功能，用于湿热泻痢、黄疸尿赤、目赤肿痛、胃火牙痛、疮疖痈肿。

◆ **成分和药理**

功劳木主要含生物碱（如尖刺碱、非洲防己碱、药根碱、巴马汀、小檗碱、小檗胺）、酚酸、苯丙素等，具有降血糖、抗溃疡、抗炎与免疫调节、降血压、抗心律失常、抗病原微生物、抗肿瘤、抗菌、抗病毒等作用。

◆ **用法和禁忌**

功劳木苦寒，可用于治湿热泻痢者，与黄柏、秦皮、白头翁等同用。治疗胃热炽盛、

阔叶十大功劳

胃火上攻、牙龈肿痛者，常与生地黄、升麻、牡丹皮等同用。对黄疸尿赤者，常与青蒿、茵陈等同用。此外，功劳木是傣族民间用药，单用可治疗肝炎。

煎服用量 9 ～ 15 克。外用适量。

三颗针

三颗针是小檗科植物拟豪猪刺、小黄连刺、细叶小檗或匙叶小檗等同属数种植物的干燥根。属清热燥湿药。又名铜针刺、刺黄连。始载于《分类草药性》。

◆ **产地和分布**

三颗针主产于中国西北及西南各省。春、秋二季采挖，除去泥沙和须根，晒干或切片晒干。商品药材主要来自栽培。

◆ **性状**

三颗针呈类圆柱形，稍扭曲，有少数分枝，长 10 ～ 15 厘米，直径 1 ～ 3 厘米。根头粗大，向下渐细。外皮灰棕色，有细皱纹，易剥落。质坚硬，不易折断，切面不平坦，鲜黄色，切片近圆形或长圆形，稍显放射状纹理，髓部棕黄色。气微，味苦。

◆ **药性和功用**

三颗针味苦，性寒，有毒，归肝、胃、大肠经。具有清热燥湿、泻火解毒功能，用于湿热泻痢、黄疸、湿疹、咽痛目赤、痈肿疮毒。

◆ **成分和药理**

三颗针主要含生物碱（小檗碱、小檗胺、巴马亭等）等，具有抗菌、抗炎、降压、抗肿瘤、升高白细胞、抑制血小板集聚和抗血栓形成、抗心肌缺血与脑缺血、抗心律失常、兴奋子宫、肌肉松弛等作用。

中药三颗针

◆ **用法和禁忌**

三颗针苦寒有清热燥湿之功，入胃、大肠经而治湿热泻痢，单用有效。治湿热黄疸，可配茵陈、金钱草等药用。治湿疹，可研末外搽，或配青黛、滑石等药外用。对痈肿疮毒、咽喉肿痛者，可配金银花、野菊花、连翘等药同用；对治目赤肿痛者，可配龙胆草、车前子、栀子等药同用。此外，以其根浸酒内服及外搽，可治跌打损伤。

煎服用量 9 ～ 15 克。外用适量。

两面针

两面针是芸香科植物两面针的干燥根。属活血疗伤药。又称入地金牛。始载于《神农本草经》。

◆ 产地和分布

两面针主产于中国台湾、福建、广东、海南、广西、贵州及云南。生长于海拔800米以下的温热地方，在山地、丘陵、平地的疏林、灌丛中、荒山草坡的有刺灌丛中较常见。

全年均可采挖，洗净，切片或段，晒干。商品药材来源于野生。

两面针

◆ 性状

两面针为厚片或圆柱形短段，长2～20厘米，厚0.5～6厘米。表面淡棕黄色或淡黄色，有鲜黄色或黄褐色类圆形皮孔样斑痕。切面较光滑，皮部淡棕色，木部淡黄色，可见同心性环纹和密集的小孔。质坚硬气微香，味辛辣麻舌而苦。

◆ 药性和功用

两面针味苦、辛，性平，有小毒，归肝、胃经。具有活血化瘀、行气止痛、祛风通铬、解毒消肿功能，用于跌扑损伤、胃痛、牙痛、风湿痹痛、毒蛇咬伤，外用可治烧烫伤。

◆ 成分和药理

两面针主要含有生物碱（如两面针碱、白屈菜红碱、氯化两面针碱、氧化两面针碱）、木质素等，具有镇痛、消炎、止血、抗菌、镇静、解痉和抗癌等作用。

◆ **用法和禁忌**

两面针治疗喉闭、水饮不入，含化。治疗风湿骨痛，水煎服。治疗跌打损伤、风湿骨痛，泡酒一斤服。治疗烫伤，研成粉撒布局部，在撒粉前先用两面针煎水外洗。治疗对口疮，用两面针鲜根皮配红糖少许，捣烂外敷。治疗蛇咬伤，用鲜两面针水煎服，另用鲜根酒磨外敷。此外，也有保健作用，如用于牙膏中可消炎止疼。

两面针饮片

煎服用量5～10克；外用适量，研末调敷或煎水洗患处。

青风藤

青风藤是防己科植物青藤或毛青藤的干燥藤茎。属祛风寒湿药。又名青藤。始载于《本草图经》。

◆ **产地和分布**

青风藤主产于中国浙江、江苏、湖北、湖南。生于山地。秋末冬初采割，扎把或切长段，晒干。商品药材主要来自栽培。

◆ **性状**

青风藤呈长圆柱形，常微弯曲，长20～70厘米或更长，直径0.5～2厘米。表面绿褐色至棕褐色，有的灰褐色，有细纵纹及皮孔。节部稍膨大，有分枝。体轻，质硬而脆，易折断，断面不平坦，灰黄色或淡灰棕色，皮部窄，木部射线呈放射状排列，髓部淡黄白色或黄棕色。

气微，味苦。

◆ 药性和功用

青风藤味苦、辛，性平，归肝、脾经。具有祛风湿、通经络、利小便功能，用于风湿痹痛、关节肿胀、麻痹瘙痒。

◆ 成分和药理

青风藤主要含生物碱（青藤碱、异青藤碱、双青藤碱）、脂类、甾醇（β-谷甾醇、豆甾醇）等，具有镇痛、镇静、抗炎、调节免疫、抑制胃肠收缩、促组胺释放、中枢神经抑制及抗心律失常等作用。

◆ 用法和禁忌

青风藤具有较强的祛风湿、通经络、利小便功效，常与海风藤、络石藤等配伍治疗风湿寒痹、肢体酸痛麻木、关节不利、筋脉拘挛等。与络石藤配伍，还可治疗风寒湿痹挟有热象者。

煎汤用量 6 ～ 12 克。脾胃虚寒者慎服。

野菊花

野菊花是菊科植物野菊的干燥头状花序。属清热解毒药。又名苦薏、野山菊、山菊花、千层菊、黄菊花。始载于《本草正》。

◆ 产地和分布

野菊花在中国各地均有分布，主产于江苏、四川、山东等地。秋、冬二季花初开放时采摘，晒干，或蒸后晒干。生用。商品药材主要来自栽培。

◆ 性状

野菊花呈类球形，直径 0.3 ～ 1 厘米，棕黄色。总苞由 4 ～ 5 层苞

野菊

片组成，外层苞片卵形或条形，外表面中部灰绿色或浅棕色，通常被白毛，边缘膜质；内层苞片长椭圆形，膜质，外表面无毛。总苞基部有的残留总花梗。舌状花 1 轮，黄色至棕黄色，皱缩卷曲；管状花多数，深黄色。体轻。气芳香，味苦。

◆ **药性和功用**

野菊花味苦、辛，性微寒，归肝、心经。具有清热解毒、泻火平肝功能，用于疔疮痈肿、目赤肿痛、头痛眩晕。

◆ **成分和药理**

野菊花主要含萜类（1,8- 桉叶素等）、挥发油、黄酮和微量元素等成分，具有明显的抗炎、抗菌、降血压、抗肿瘤和提高免疫功能等作用。

◆ **用法和禁忌**

野菊花清热泻火、解毒利咽、消肿止痛力强，为治外科疔痈之良药。治热毒蕴结、疔疖丹毒、痈疽疮疡、咽喉肿痛，可与蒲公英、紫花地丁、金银花等同用。还可清泻肝火兼散风热，常与金银花、

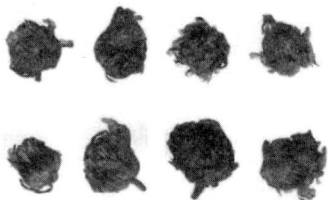

中药野菊花

夏枯草等同用，治疗风热上攻之目赤肿痛；治肝阳上亢头痛眩晕，常与决明子等同用。内服并煎汤外洗也可用治湿疹、湿疮、风疹瘙痛等。

煎服用量 9 ~ 15 克，外用适量，煎汤外洗或制膏外涂。体质虚寒者忌服。

锦灯笼

锦灯笼是茄科植物酸浆的干燥宿萼或带果实的宿萼。属清热解毒药。又名挂金灯。始载于《神农本草经》。

◆ **产地和分布**

锦灯笼在中国大部地区均有生产，以东北、华北产量大、质量好。秋季果实成熟、宿萼呈红色或橙红色时采收，干燥。商品药材主要来自栽培。

◆ **性状**

锦灯笼呈灯笼状，多压扁，长 3 ～ 4.5

酸浆果实外观

厘米，宽 2.5 ～ 4 厘米。果皮皱缩，表面橙红色或橙黄色，有 5 条明显的纵棱，棱间有网状的细脉纹。顶端渐尖，微 5 裂，基部略平截，中心凹陷有果梗。体轻，质柔韧，中空，内含种子多数，或内有棕红色或橙红色果实。气微，宿萼味苦，果实味甘、微酸。

◆ **药性和功用**

锦灯笼味苦、性寒，归肺经。具有清热解毒、利咽化痰、利尿通淋功能，用于咽痛音哑、痰热咳嗽、小便不利、热淋涩痛，外用可治天疱疮、湿疹。

◆ **成分和药理**

锦灯笼主要含生物碱、枸橼酸、甾醇类、氨基酸、多糖等，具有抗炎、抗肿瘤、抗菌、免疫调节、利尿、镇痛等作用。

◆ 用法和禁忌

锦灯笼能清热解毒,并长于利咽化痰。善治咽喉肿痛、声音嘶哑,常与山豆根、桔梗、牛蒡子等同用,也可将与冰片共研末,吹喉。若与前胡、瓜蒌等清热化痰止咳药同用,可治疗痰热咳嗽。锦灯笼还具利尿通淋之功,常与车前子、木通、萹蓄、金钱草等配伍,用于小便短赤或淋沥涩痛。外用可治天疱疮、湿疹。

煎服用量5～9克。外用适量,捣敷患处。脾虚泄泻者及孕妇忌用。

白鲜皮

白鲜皮是芸香科植物白鲜的干燥根皮。属清热燥湿药。又名白藓皮。始载于《神农本草经》。

◆ 产地和分布

白鲜皮主产于中国辽宁、河北、四川等地。春、秋二季采挖根部,南方于立夏后采挖,除去泥沙和粗皮,剥取根皮,干燥。商品药材主要来自栽培。

◆ 性状

白鲜皮呈卷筒状,长5～15厘米,直径1～2厘米,厚0.2～0.5厘米。外表面灰白色或淡灰黄色,具细纵皱纹和细根痕,常有突起的颗粒状小点;内表面类白色,有细纵纹。质脆,折断时有粉尘飞扬,断面不平坦,略呈层片状,剥去外层,迎光可见闪烁的小亮点。有羊膻气,味微苦。

◆ 药性和功用

白鲜皮味苦,性寒,归脾、胃、膀胱经。具有清热燥湿、祛风解毒功能，用于湿热疮毒、黄水淋漓、湿疹、风疹、疥癣疮癞、风湿热痹、黄疸尿赤。

中药白鲜皮

◆ **成分和药理**

白鲜皮主要含生物碱（白鲜碱、异白鲜碱等）、柠檬苦素（梣酮等）、粗多糖、谷甾醇等，具有抗炎、解热、增加心肌收缩力、抗过敏、抗肿瘤、抗抑郁、神经保护等作用。

◆ **用法和禁忌**

白鲜皮性味苦寒，有清热燥湿、泻火解毒、祛风止痒之功。用治湿热疮毒、肌肤溃烂、黄水淋漓者，可配伍苍术、苦参、连翘等药；治湿疹、风疹、疥癣，常配伍苦参、防风、地肤子等药，煎汤内服、外洗。此外，白鲜皮善清热燥湿，可治湿热蕴蒸之黄疸、尿赤，常配伍茵陈、栀子等药；用治风湿热痹、关节红肿热痛，常配伍苍术、黄柏、薏苡仁等药。煎服用量 5 ～ 10 克，外用适量，煎汤洗或研粉敷。脾胃虚寒者慎用。

拳 参

拳参是蓼科植物拳参的干燥根茎。属清热解毒药。又名紫参。始载于《本草图经》。

◆ **产地和分布**

拳参在中国大部分地区均有分布，主产于东北、华北、江苏及湖北等地。春季发芽时或秋季茎叶将枯萎时采挖，除去泥沙，晒干，去须根。切片，生用。商品药材主要来自栽培。

◆ 性状

拳参呈扁长条形或扁圆柱形，弯曲，有的对卷弯曲，两端略尖，或一端渐细，长 6 ～ 13 厘米，直径 1 ～ 2.5 厘米。表面紫褐色或紫黑色，粗糙，一面隆起，一面稍平坦或略

植物拳参

具凹槽，全体密具粗环纹，有残留须根或根痕。质硬，断面浅棕红色或棕红色，维管束呈黄白色点状，排列成环。气微，味苦、涩。

◆ 药性和功用

拳参味苦、涩，性微寒，归肺、肝、大肠经。具有清热解毒、消肿、止血功能，用于热泻热痢、肺热咳嗽、痈肿瘰疬、口舌生疮、血热吐衄、痔疮出血、蛇虫咬伤。

◆ 成分和药理

拳参主要含鞣质、多糖、果酸、没食子酸等，具有抗炎、抗菌、抗肿瘤、止血等作用。

◆ 用法和禁忌

拳参能清热解毒、消肿散结。治疮痈肿痛、瘰疬、痔疮、水火烫伤、毒蛇咬伤等证，可捣烂敷于患处，或煎汤外洗，或配重楼、紫花地丁等清热解毒药同用。拳参还可镇惊息风，治热病高热神昏、惊痫抽搐及破伤风等，常配伍钩藤、全蝎、僵蚕等息风止痉药。拳参还兼涩肠止泻之功，治疗赤痢脓血、湿热泄泻，可单味制成片剂，或配金银花炭、白头翁、秦皮等同用。此外，拳参入肝经血分而能凉血止血，治血热妄行所

致的吐血、衄血、崩漏等出血证，常与贯众、白茅根、大蓟等同用。

煎服用量 5 ～ 10 克。外用适量。无实火热毒者不宜使用。阴证疮疡患者忌服。

四季青

四季青是冬青科植物冬青的干燥叶。属清热解毒药。又名红冬青。始载于《本草拾遗》。

◆ 产地和分布

四季青主产于中国江苏、浙江、广西壮族自治区等地。秋、冬季采收，除去杂质，晒干。生用。商品药材主要来自栽培。

◆ 性状

四季青呈椭圆形或狭长椭圆形，长 6 ～ 12 厘米，宽 2 ～ 4 厘米。先端急尖或渐尖，基部楔形，边缘具疏浅锯齿。上表面棕褐色或灰绿色，有光泽；下表面色较浅；叶柄长 0.5 ～ 1.8 厘米。革质。气微清香，味苦、涩。

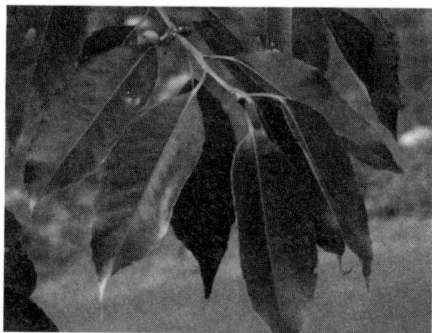

冬青

◆ 药性和功用

四季青味苦、涩，性凉，归肺、大肠、膀胱经。具有清热解毒、消肿祛瘀功能，用于肺热咳嗽、咽喉肿痛、痢疾、胁痛、热淋，外用治烧烫伤、皮肤溃疡。

◆ 成分和药理

四季青主要含原儿茶酸、原儿茶醛、黄酮、挥发油等，具有抗菌、抗炎、抗感染、抗肿瘤、降低冠状血管阻力、增加冠脉流量、增强心肌耐缺氧能力等作用。

◆ 用法和禁忌

四季青有清热解毒、凉血、敛疮之功，尤长于治疗水火烫伤。治水火烫伤、下肢溃疡、皮肤湿疹、热毒疮疖初起等，可单用制成搽剂外涂患处，亦可用干叶研粉，麻油调敷，或用鲜叶捣烂，外敷患处。还善于清泻肺火而解热毒。治疗肺火上壅，咳嗽、咽痛及风热感冒或热毒下侵、小便淋沥涩痛、泄泻痢疾者，单用即有效。此外，还有收敛止血之效，可用于外伤出血，可单用鲜叶捣敷伤口；也可用干叶研细，撒敷在伤口，外加包扎。

煎服用量15～60克，外用适量。脾胃虚寒、肠滑泄泻者慎用。另外，内服或静滴四季青可能致过敏、皮疹等，临床用药应引起注意。

射 干

射干是鸢尾科植物射干的干燥根茎。属清热解毒药。始载于《神农本草经》。

◆ 产地和分布

射干产于中国吉林、辽宁、河北、山西、山东、河南、安徽、江苏、浙江、福建、台湾、湖北、湖南、江西、广东、广西、陕西、甘肃、四川、贵州、云南、西藏。生于林缘或山坡草地，大部分生于海拔较低的地方，

但在西南山区，海拔 2000 ～ 2200
米处也可生长。也产于朝鲜、日本、
印度、越南、俄罗斯。

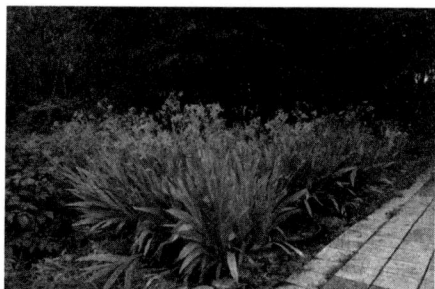

射干

春初刚发芽或秋末茎叶枯萎
时采挖，除去须根和泥沙，干燥。
商品药材主要来自野生或栽培。

◆ **性状**

射干呈不规则结节状，长 3 ～ 10 厘米，直径 1 ～ 2 厘米。表面黄褐色、
棕褐色或黑褐色，皱缩，有较密的环纹。上面有数个圆盘状凹陷的茎痕，
偶有茎基残存；下面有残留细根及根痕。质硬，断面黄色，颗粒性。气
微，味苦、微辛。

◆ **药性和功用**

射干味苦，性寒，归肺经。具有清热解毒、消痰、利咽功能，用于
热毒痰火郁结、咽喉肿痛、痰涎壅盛、咳嗽气喘。

◆ **成分和药理**

射干含有黄酮、蒽酮、醌类、酚类、二环三萜类等，具有解热抗炎
镇痛、抗病毒、抑菌、利胆、抗溃疡、抗血栓等雌性激素样作用。

◆ **用法和禁忌**

射干有清肺泻火、利咽消肿之功，
为治咽喉肿痛常用之品。主治热毒痰
火郁结、咽喉肿痛，可单用或与升麻、
甘草等同用。若治外感风热、咽痛音哑，

射干饮片

可与荆芥、连翘、牛蒡子同用。也可用于降气消痰、平喘止咳，用治肺热咳喘、痰多而黄者，常与桑白皮、马兜铃、桔梗等药同用，而治寒痰咳喘、痰多清稀者，可与麻黄、细辛、生姜、半夏等药同用。

煎服用量 3 ～ 10 克。脾虚便溏者不宜使用。孕妇忌用或慎用。

防 己

防己是防己科植物粉防己的干燥根。属祛风湿热药。又称汉防己、瓜防己。始载于《神农本草经》。

◆ **产地和分布**

防己主产于中国浙江、安徽、江西、湖北。生于山坡、旷野草丛和灌木林中。秋季采挖，洗净，除去粗皮，晒至半干，切段，个大者再纵切，干燥。商品药材主要来自栽培。

◆ **性状**

防己呈不规则圆柱形、半圆柱形或块状，多弯曲，长 5 ～ 10 厘米，直径 1 ～ 5 厘米。表面淡灰黄色，弯曲处常有深陷横沟而呈结节状的瘤块样。体重，质坚实。横断面平坦，灰白色，富粉性，有排列较稀疏的放射状纹理。气微，味苦。

◆ **药性和功用**

防己味苦、辛，性寒，归膀胱、肺经。具有祛风止痛、利水消肿功能，用于风湿痹痛、水肿脚气、小便不利、湿疹疮毒等。

粉防己

◆ 成分和药理

防己主要含生物碱（粉防己碱、防己诺林碱、轮环藤酚碱）等，具有抗炎、镇痛、抑制免疫、拮抗钙离子通道、抗心肌缺血再灌注损伤、抗心律失常、降血压、抗肿瘤、抗硅肺、松弛横纹肌等作用。

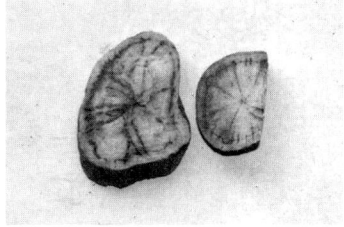
防己饮片

◆ 用法和禁忌

防己既能祛风除湿止痛，又能清热，常与滑石、薏苡仁等共用治疗风湿痹证、湿热偏盛、肢体酸重等。防己还能清热利水，常与黄芪、白术、甘草等配伍用以治疗风水脉浮，身重汗出恶风；与木瓜、牛膝、桂枝共同煎服可治疗脚气肿痛；与苦参、金银花等配伍可治疗湿疹疮毒。对寒湿痹痛，须与温经止痛的肉桂、附子等药同用。用于水肿、小便不利等症，可与花椒、葶苈子、大枣等配伍同用；若属虚证，常与黄芪、茯苓、白术等配伍。

煎服用量为 5～10 克。大苦大寒易伤胃气，阴虚体质者慎服。

姜 黄

姜黄是姜科植物姜黄的干燥根茎。属活血止痛药。又称黄姜、毛姜黄、宝鼎香、黄丝郁金等。始载于《新修本草》。

◆ 产地和分布

姜黄产于中国东南部至西南部各省区，栽培或野生于林下。东南亚各地亦有分布。

冬季茎叶枯萎时采挖，洗净，煮或蒸至透心，晒干，除去须根。商品药材主要来自栽培。

◆ **性状**

姜黄呈不规则卵圆形、圆柱形或纺锤形，常弯曲，有的具短叉状分枝，长2～5厘米，直径1～3厘米。表面深黄色，粗糙，有皱缩纹理和明显环节，并有圆形分枝痕及须根痕。质坚实，不易折断，断面棕黄色至金黄色，角质样，有蜡样光泽，内皮层环纹明显，维管束呈点状散在。气香特异，味苦、辛。

植物姜黄

◆ **药性和功用**

姜黄味苦、辛，性温，归肝、脾经。具有破血行气、通经止痛的功能，用于胸胁刺痛、闭经、癥瘕、风湿肩臂疼痛、跌扑肿痛。

◆ **成分和药理**

姜黄主要含姜黄素类（如姜黄素、脱甲氧基姜黄素、脱二甲氧基姜黄素）、挥发油（如姜黄酮、姜油烯、水芹烯、1,8-桉叶素、香桧烯、龙脑）等，具有利胆、促进食欲、降压、抗菌、镇痛等作用。

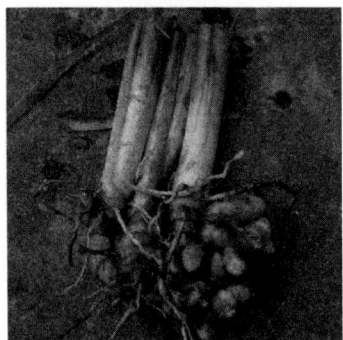

姜黄根茎

◆ **用法和禁忌**

姜黄既入血分又入气分，能活血行气

而止痛。治疗胸阳不振、心脉闭阻之心胸痛，可配伍当归、木香、乌药等；治疗肝胃气滞寒凝之胸胁痛，可配伍枳壳、桂枝、炙甘草；治气滞血瘀之痛经、经闭、产后腹痛，常与当归、川芎、红花同用；治疗

中药姜黄

跌打损伤、瘀肿疼痛，可配伍苏木、乳香、没药。姜黄外散风寒湿邪，内行气血、通经止痛，尤长于行肢臂而除痹痛，常配伍羌活、防风、当归等。配伍白芷、细辛为末外用可治牙痛，牙龈肿胀疼痛；配伍大黄、白芷、天花粉等外敷，可用于疮疡痈肿；单用外敷可用于皮癣痛痒。

煎服用量 3 ～ 10 克。阴虚体质者慎服。

远 志

远志是远志科植物远志或卵叶远志的干燥根。属养心安神药。又称棘菀、细草、线儿茶等。始载于《神农本草经》。

◆ **产地和分布**

远志产于中国东北、华北、西北和华中以及四川。生长于海拔 200 ～ 2300 米草原、山坡草地、灌丛中及杂木林下。

卵叶远志产于中国东北、华北、西北、华东、华中和西南地区。生长于海拔 800 ～ 2100 米山坡草地或田埂上。

春、秋二季采挖，除去须根和泥沙，晒干或抽取木心晒干。商品药材主要来自野生或者栽培。

◆ 性状

远志呈圆柱形，略弯曲，长2～30厘米，直径0.2～1厘米。表面灰黄色至灰棕色，有较密并深陷的横皱纹、纵皱纹及裂纹，老根的横皱纹较密更深陷，略呈结节状。质硬而脆，易折断，断面皮部棕黄色，木部黄白色，皮部易与木部剥离，抽取木心者中空。气微，味苦、微辛，嚼之有刺喉感。

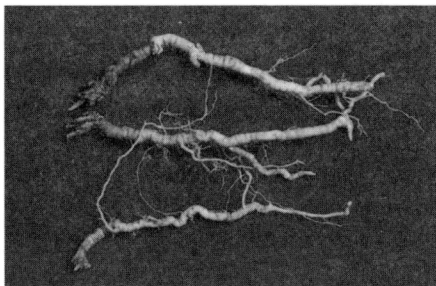

中药远志

◆ 药性和功用

远志味苦、辛，性温，归心、肾、肺经。具有安神益智、交通心肾、祛痰、消肿功能，用于心肾不交引起的失眠多梦、健忘惊悸、神志恍惚，以及咳痰不爽、疮疡肿毒、乳房肿痛等。

◆ 成分和药理

远志含有皂苷类、（口山）酮类、寡糖酯类、生物碱类等。具有改善认知障碍、提高学习记忆能力、抗衰老、保护神经、抗抑郁、抗惊厥、催眠镇静、抗炎、抗病毒、抗肿瘤等作用。

◆ 用法和禁忌

远志苦辛性温，主入心肾经，性善宣泄通达，为交通心肾、安定神志、益智强识之佳品，常与茯神、朱砂、龙骨等配伍，用于心神不宁、失眠多梦、健忘惊悸、神志恍惚等。远志苦温性燥，入肺经，可单用或与桔梗、白前、前胡等配伍，用于咳嗽痰多、咳痰不爽者。远志还善疗痈毒，敷服皆奇。

煎服用量 3 ～ 10 克。实热或痰火内盛者，或有胃溃疡、胃炎者慎用。

千里光

千里光是菊科植物千里光的干燥地上部分。属清热解毒药。又名千里明。始载于《本草图经》。

◆ 产地和分布

千里光产于中国西藏、陕西、湖北、四川、贵州、云南、安徽、浙江、江西、福建、湖南、广东、广西、台湾等。常生于森林、灌丛中，攀缘于灌木、岩石上或溪边，海拔 50 ～ 3200 米。印度、尼泊尔、不丹、缅甸、泰国、中南半岛、菲律宾和日本也有。

全年均可采收，除去杂质，阴干。商品药材主要来自野生。

◆ 性状

千里光茎呈细圆柱形，稍弯曲，上部有分枝；表面灰绿色、黄棕色或紫褐色，具纵棱，密被灰白色柔毛。叶互生，多皱缩破碎，完整叶片展平后呈卵状披针形或长三角形，有时具 1 ～ 6 侧裂片，边缘有不规则锯齿，基部戟形或截形，两面有细柔毛。头状花序；总苞钟形；花黄色

千里光

至棕色，冠毛白色。气微，味苦。

中药千里光

◆ **药性和功用**

千里光味苦，性寒，归肺、肝经。具有清热解毒、明目、利湿功能，用于痈肿疮毒、感冒发热、目赤肿痛、泄泻痢疾、皮肤湿疹。

◆ **成分和药理**

千里光含有黄酮、萜类、生物碱、挥发油、酚酸等，具有广谱抗菌、抗钩端螺旋体、抗滴虫、抗炎、抗病毒、抗肿瘤、抗氧化等作用。

◆ **用法和禁忌**

千里光常用治热毒壅聚之痈肿疮毒，可单用鲜品，水煎内服并外洗，再将其捣烂外敷患处；或与金银花、野菊花、蒲公英等同用。若与白及配伍，水煎浓汁外搽，可治水火烫伤，也可用于褥疮及下肢溃疡。千里光的清肝明目之力甚佳，单用煎汤熏洗眼部，或与夏枯草、决明子、谷精草等配伍使用，可治疗风热或肝火上炎所致的目赤肿痛。千里光亦具有清利大肠湿热之功，用治大肠湿热、腹痛泄泻，或下痢脓血、里急后重者，单用即有效。此外，还能清热利湿、杀虫止痒，用治湿热虫毒所致之头癣湿疮、阴囊湿痒、鹅掌风等，可煎汁浓缩成膏，涂搽患处。

煎服用量15 ～ 30 克，鲜品30 克。外用适量。脾胃虚寒者慎服。

栀 子

栀子是茜草科植物栀子的干燥成熟果实。属清热泻火药。又名黄栀子、山栀。始载于《神农本草经》。

◆ **产地和分布**

栀子主产于中国江西、湖北、湖南等省。多生于低山温暖的疏林中或荒坡、沟旁、路边。

栀子

9 ～ 11 月果实成熟呈红黄色时采收，除去果梗和杂质，蒸至上气或置沸水中略烫，取出，干燥。商品药材主要来自栽培。

◆ **性状**

栀子呈长卵圆形或椭圆形，长 1.5 ～ 3.5 厘米，直径 1 ～ 1.5 厘米。表面红黄色或棕红色，具 6 条翅状纵棱，棱间常有 1 条明显的纵脉纹，并有分枝。顶端残存萼片，基部稍尖，有残留果梗。果皮薄而脆，略有光泽；内表面色较浅，有光泽，具 2 ～ 3 条隆起的假隔膜。种子多数，扁卵圆形，集结成团，深红色或红黄色，表面密具细小疣状突起。气微，味微酸而苦。

◆ **药性和功用**

栀子味苦，性寒，归心、肺、三焦经。具有泻火除烦、清热利湿、凉血解毒功能，用于热病心烦、湿热黄疸、淋证涩痛、血热吐衄、目赤肿痛、火毒疮疡；外用可消肿止痛，治扭挫伤痛。

◆ **成分和药理**

栀子主要含栀子苷、羟异栀子苷、挥发油及多种微量元素等，具有抗炎、解热、轻泻、抗病毒、镇痛、镇静催眠、利胆保肝、抗肿瘤、降压、止血等作用。

◆ 用法和禁忌

栀子味苦性寒清降，能清泻三焦火邪，泻心火而除烦，为治热病心烦、躁扰不宁之要药，常与淡豆豉同用；治热病火毒炽盛、三焦俱热而见高热烦躁、神昏谵语者，常与黄芩、黄连、黄柏等同用。栀子还善清利下焦肝胆湿热，治肝胆湿热之黄疸，常配伍茵陈、大黄。还有很好的清下焦湿热、清热凉血、利尿通淋的功能，治血淋、热淋涩痛，常与滑石、车前子、木通等同用。栀子炒焦后性寒，入血分，能清热凉血止血，治血热妄行之吐血、衄血者，常与白茅根、大黄等同用；对三焦火盛迫血妄行之吐血、衄血者，常与黄芩、黄连、黄柏等同用。栀子还具有泻火解毒、清肝胆火明目的功用，治肝胆火热上攻之目赤肿痛，常与大青叶、黄柏等同用。此外，对热毒疮疡、红肿热痛者，常与金银花、蒲公英、连翘等同用。生栀子粉与黄酒调成糊状外敷，可治扭挫伤痛。栀子入药，除果实全体入药外，还有果皮、种子分开用者。栀子皮偏于达表而去肌肤之热，栀子仁偏于走里而清内热。

中药栀子

煎服用量 6～10 克。栀子苦寒伤胃，脾虚便溏者慎用。

雷公藤

雷公藤是卫矛科植物雷公藤的干燥根、根皮或木质部。属祛风湿热药。又称断肠草。始载于《本草纲目拾遗》。

◆ **产地和分布**

雷公藤产于中国台湾、福建、江苏、浙江、安徽、湖北、湖南、广西。生长于山地林内阴湿处。朝鲜、日本也有分布。

秋季挖取根部,抖净泥土,晒干,或去皮晒干。商品药材主要来自野生。

◆ **性状**

雷公藤根圆柱形,扭曲,常具茎残基。直径 0.5 ～ 3 厘米,商品常切成长短不一的段块。表面上黄色至黄棕色,粗糙,具细密纵向沟纹及环状或半环状裂隙;栓皮层常脱落,脱落处显橙黄色。皮部易剥离,露出黄白色的木部。质坚硬,折断时有粉尘飞扬,断面纤维性;横切面木栓层橙黄色,显层状;韧皮部红棕色;木部黄白色,密布针眼状孔洞,射线较明显。根茎性状与根相似,多平直,有白色或浅红色髓部、气微、特异,味苦微辛。

◆ **药性和功用**

雷公藤味苦、辛,性寒,有大毒,归肝、肾经。具有祛风除湿、活血通络、消肿止痛、杀虫解毒功能,用于类风湿性关节炎、风湿性关节炎、肾小球肾炎、肾病综合征、红斑狼疮、口眼干燥综合征、白塞病、湿疹、银屑病、麻风病、疔疮、顽癣。

◆ **成分和药理**

雷公藤主要含有二萜类、三萜类、倍半萜类及生物碱类等,具有免疫抑制、抗炎、抗肿瘤、保护神经等作用;毒性强,对心、肝、骨髓、

胸、脾、肾及生殖系统等都有较强
的毒性。

◆ **用法和禁忌**

雷公藤有较强的祛风湿、活血
通络之功，为治风湿顽痹要药，且
清热力强，消肿止痛功效显著，尤

雷公藤

宜于关节红肿热痛、肿胀难消、晨僵、功能受限，甚至关节变形者。可
单用，内服或外敷，能改善功能活动、减轻疼痛。亦常与威灵仙、独活、
防风等同用，并配伍黄芪、党参、当归、鸡血藤等补气养血药，以防久
服而克伐正气。雷公藤亦可除湿止痒、杀虫攻毒，对多种皮肤病皆有良效。
如用治麻风病，可单用煎服，或配金银花、黄柏、当归等；用治顽癣可
单用，或随证配伍防风、荆芥、刺蒺藜等祛风止痒药内服或外用。雷公
藤还能以毒攻毒、消肿止痛，用治热毒痈肿疔疮，常与蟾酥配伍应用。

煎服用量 10 ～ 25 克（带根皮者减量），文火煎 1 ～ 2 小时；研粉，
每日 1.5 ～ 4.5 克；外用适量。内脏有器质性病变及白细胞减少者慎服；
孕妇忌用。

重　楼

重楼是百合科植物云南重楼或七叶一枝花的干燥根茎。属清热解毒
药。又名蚤休、七叶一枝花、草河车。始载于《神农本草经》。

◆ **产地和分布**

重楼主产于中国广西、云南、广东等地。秋季采挖，除去须根，洗

净，晒干。切片，生用。商品药材主要来自栽培。

◆ 性状

重楼呈结节状扁圆柱形，略弯曲，长 5～12 厘米，直径 1.0～4.5 厘米。表面黄棕色或灰棕色，外皮脱落处呈白色；密具层状突起的粗环纹，一面结节明显，结节上具椭圆形凹陷茎痕，另一面有疏生的须根或疣状须根痕。顶端具鳞叶和茎的残基。质坚实，断面平坦，白色至浅棕色，粉性或角质。气微，味微苦、麻。

七叶一枝花

◆ 药性和功用

重楼味苦，性微寒，有小毒，归肝经。具有清热解毒、消肿止痛、凉肝定惊功能，用于疔疮痈肿、咽喉肿痛、蛇虫咬伤、跌扑伤痛、惊风抽搐。

◆ 成分和药理

重楼主要含有黄酮、甾体皂苷、植物甾醇、植物蜕皮激素等，具有抗炎、止血、祛痰、抑菌、镇静镇痛、抗早孕杀灭精子、抗细胞毒性、镇咳和平喘等作用。

◆ 用法和禁忌

重楼善清热解毒、消肿止痛，为治痈肿疔毒、毒蛇咬伤的常用药。治痈肿疔毒，可单用为末，醋调外敷，或与黄连、赤芍、金银花等同用；治咽喉肿痛、痄腮、喉痹，常与牛蒡子、连翘、板蓝根等同用；治瘰疬痰核，可与夏枯草、牡蛎、浙贝母等同用；治毒蛇咬伤、红肿疼痛，单用本品内服外敷，或与半边莲等解蛇毒药同用。重楼还有凉肝泻火、息风定惊之功。治小儿热极生风、手足抽搐，单用本品研末冲服，或配伍钩藤、菊花、蝉蜕等药。此外，重楼还能消肿止痛、化瘀止血，可单用研末冲服，治疗外伤出血、跌打损伤、瘀血肿痛，或配三七、血竭、自然铜等同用。

　　煎服用量3～9克；外用适量，研末调涂。体虚、无实火热毒者、孕妇及患阴证疮疡者均忌服。中毒量为60～90克，中毒潜伏期约1～3个小时，中毒症状为恶心、呕吐、腹泻、头痛头晕，严重者可导致痉挛。

连　翘

　　连翘是木犀科植物连翘的干燥果实。属清热解毒药。又名大翘子、落翘。始载于《神农本草经》。

◆ 产地和分布

　　连翘主产于中国山西、河南、陕西等地。

　　秋季果实初熟尚带绿色时采收，除去杂质，蒸熟，晒干，习称"青翘"；果实熟透时采收，晒干，除去杂质，习称"老翘"或"黄翘"。青翘采得后即蒸熟晒干，筛取籽实作"连翘心"用。商品药材主要来自栽培。

连翘

◆ 性状

连翘呈长卵形至卵形，稍扁，长 1.5 ~ 2.5 厘米，直径 0.5 ~ 1.3 厘米。表面有不规则的纵皱纹和多数突起的小斑点，两面各有 1 条明显的纵沟。顶端锐尖，基部有小果梗或已脱落。青翘多不开裂，表面绿褐色，突起的灰白色小斑点较少；质硬；种子多数，黄绿色，细长，一侧有翅。老翘自顶端开裂或裂成两瓣，表面黄棕色或红棕色，内表面多为浅黄棕色，具一纵隔；质脆；种子棕色，多已脱落。气微香，味苦。

中药连翘

◆ 药性和功用

连翘味苦，性微寒，归肺、心、小肠经。具有清热解毒、消肿散结、疏散风热的功能，用于痈疽、瘰疬、乳痈、丹毒、风热感冒、温病初起、温热入营、高热烦渴、神昏发斑、热淋涩痛。

◆ 成分和药理

连翘主要含三萜皂苷、酚类（连翘酚等）、生物碱、皂苷、维生素、挥发油、有机酸等。具有抗菌、抗病毒、抗肿瘤、抗炎、保肝、抗氧化衰老、强心、利尿、降血压、镇吐等作用。

◆ 用法和禁忌

连翘功用与金银花相似，二者常相须配用。连翘长于清心火、解疮毒，又能消散痈肿结聚，故有"疮家圣药"之称。治疮痈红肿未溃，常与穿山甲、皂角刺等配伍；对疮疡脓出、红肿溃烂者，常与牡丹皮、天花粉同用；对痰火郁结、瘰疬痰核者，常与夏枯草、浙贝母、玄参等同用。连翘外可疏散风热，内可清热解毒，故常用治外感风热及温热病。治外感风热或温病初起，发热、咽痛口渴，配伍薄荷、牛蒡子等疏散风热药；温病热入营血，配伍生地黄、玄参等；治热入血分，可配伍犀角、生地黄等。连翘轻宣疏散之力稍逊于金银花，但苦寒清降之性较强，尤长于清泻心火，故治热邪内陷心包、高热、烦躁、神昏等证，较为多用，常与黄连、莲子心等清心火药配伍。此外，连翘苦寒通降，兼有清心利尿之功。治湿热壅滞所致之小便不利或淋沥涩痛，多配伍车前子、白茅根、竹叶等药。连翘有青翘、老翘及连翘心之分。青翘，清热解毒之力较强；老翘，长于透热达表，而疏散风热；连翘心，长于清心泻火，常用治邪入心包的高热烦躁、神昏谵语等症。

煎服用量 6～15 克。脾胃虚寒及气虚脓清者不宜用。

青葙子

青葙子是苋科植物青葙的干燥成熟种子。属清热泻火药。始载于《神农本草经》。

◆ 产地和分布

青葙分布几遍中国。生于平原、田边、丘陵、山坡，高达海拔 1100 米。朝鲜、日本、俄罗斯、印度、越南、缅甸、泰国、菲律宾、马来西亚及非洲热带均有分布。

秋季果实成熟时采割植株或摘取果穗，晒干，收集种子，除去杂质。商品药材主要来自野生或栽培。

◆ **性状**

青葙子呈扁圆形，少数呈圆肾形，直径 1～1.5 毫米。表面黑色或红黑色，光亮，中间微隆起，侧边微凹处有种脐。种皮薄而脆。气微，味淡。

◆ **药性和功用**

青葙子味苦，性微寒，归肝经。具有清肝泻火、明目退翳功能，用于肝热目赤、目生翳膜、视物昏花、肝火眩晕。

青葙

◆ **成分和药理**

青葙子主要含三萜皂苷（青葙苷 A、B 等）、脂肪酸、氨基酸、生物碱等，具有保肝、抗氧化、降血糖等作用。

◆ **用法和禁忌**

青葙子专于清肝明目，治肝火上炎之目赤肿痛、目生翳障、视物不清，可配决明子、羚羊角等同用。此外，现代研究表明青葙子能降血压，可用于高血压病属肝热型。

煎服用量 9～15 克。注意本品有扩散瞳孔作用，青光眼患者禁用。

油松节

油松节是松科植物油松或马尾松的干燥瘤状节或分枝节。属祛风寒湿药。又名黄松木节。始载于《名医别录》。

◆ **产地和分布**

油松节在中国大部分地区均产。生长于山坡。全年均可采收，锯取后阴干。商品药材主要来自栽培。

◆ **性状**

油松节呈扁圆节段状或不规则的块状，长短粗细不一。外表面黄棕色、灰棕色或红棕色，有时带有棕色至黑棕色油斑，或有残存的栓皮。质坚硬。横截面木部淡棕色，心材色稍深，可见明显的年轮环纹，显油性；髓部小，淡黄棕色。纵断面具纵直或扭曲纹理。有松节油香气，味微苦辛。

◆ **药性和功用**

油松节味苦、辛，性温，归肝、肾经。具有祛风除湿、通络止痛功能，用于风寒湿痹、历节风痛、转筋挛急、跌打伤痛。

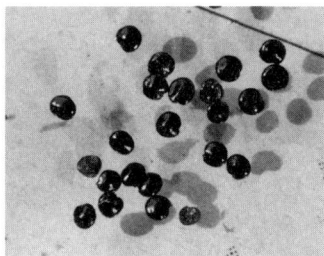

中药青葙子

◆ **成分和药理**

油松节主要含挥发油（α-蒎烯、D-苎烯、樟脑等）、倍半萜烯及萜醇、萜酮等，具有镇咳、祛痰、抗菌等作用。

◆ **用法和禁忌**

油松节长于疏通经络、行气血、利关节，尤善祛筋骨间风寒湿邪，症见骨节肿大、跌打损伤、瘀肿疼痛等。配伍牛膝可治疗下半身风寒湿痹者，配伍天仙藤可用于治疗风湿痹痛、关节僵硬、屈伸不利等。此外，油松节还可祛风止痛，亦可用于牙根虫蛀或齿风而疼痛不止者。

煎服用量 9 ～ 15 克。阴虚血燥者慎服。

伸筋草

伸筋草是石松科植物石松的干燥全草。属祛风寒湿药。又称石松。始载于《本草纲目拾遗》。

◆ 产地和分布

石松主产于中国浙江、湖北、江苏等地，生长于疏林下荫蔽处。夏、秋二季茎叶茂盛时采收，除去杂质，晒干。商品药材主要来自栽培。

◆ 性状

伸筋草匍匐茎呈细圆柱形，略弯曲，长可达 2 米，直径 1 ～ 3 毫米，其下有黄白色细根。直立茎作二叉状分枝。叶密生茎上，螺旋状排列，皱缩弯曲，线形或针形，长 3 ～ 5 毫米，黄绿色至淡黄棕色，无毛，先端芒状，全缘，易碎断。质柔软，断面皮部浅黄色，木部类白色。气微，味淡。

◆ 药性和功用

伸筋草味苦、辛，性温，归肝、脾、肾经。具有祛风散寒、除湿消肿、舒筋活络功能，用于风寒湿痹、关节酸痛、皮肤麻木、四肢软弱、水肿、跌打损伤。

◆ 成分和药理

伸筋草主要含生物碱（石松碱、棒石松宁碱、棒石松毒，烟碱等）、萜类（α- 芒柄花醇、石松山醇、石松四酮醇）、有机酸（香草酸，阿魏酸，壬二酸）、甾醇等，具有抗炎、镇痛、调节免疫功能、中枢镇静作用。

◆ **用法和禁忌**

伸筋草辛温善行，走而不守，凡风湿阻络所致肢节筋脉拘急、伸展不利、麻痹酸痛及久风顽痹、肌肉顽麻不仁者，用之最宜。风寒湿痹、关节屈伸不利者，可配伍木瓜、桑枝。治疗年老或血虚者感受风湿所致的肢体麻木不仁或关节疼痛，可配伍鸡血藤。

煎服用量 3 ～ 12 克。

金铁锁

金铁锁是石竹科植物金铁锁的干燥根。属祛风寒湿药。又名昆明沙参。始载于《滇南本草》。

◆ **产地和分布**

金铁锁产于中国云南。生于松林、山野荒地、山坡。

秋后或春初发芽前采收，将根挖起，去净苗叶，泥土或除去栓皮，晒干。商品药材主要来自栽培。

◆ **性状**

金铁锁干燥根呈长圆锥形，长约 8 ～ 25 厘米，直径约 0.6 ～ 2 厘米。表面黄白色，有多数纵皱纹和褐色横纹孔。质硬，易折断，断面不平坦，皮部白色，木部黄色，有放射状纹理。气微，

金铁锁

味辛、麻，有刺喉感。

◆ 药性和功用

金铁锁味苦、辛，性温，归肝经，有小毒。具有祛风除湿、散瘀止痛、解毒消肿功能，用于风湿痹痛、胃脘冷痛、跌打损伤、外伤出血、疮疖、蛇虫咬伤等。

◆ 成分和药理

金铁锁主要含五环三萜皂苷类成分，主要由丝石竹皂苷元衍生而成，还含有环肽类、氨基酸等，具有抗炎、抑制油耳肿胀、镇痛、调节免疫、抑菌等作用。

◆ 用法和禁忌

金铁锁辛散温通，常用于治疗跌打损伤、创伤出血，与三七配伍可增强活血化瘀定痛的功效。外用可治疗痈疽疮疖、蛇虫咬伤，以毒攻毒而行散毒消肿、散瘀止痛之功。

内服用量 0.1～0.3 克，多入丸散服；外用适量。孕妇慎用。有毒，味辛辣，尝之刺激喉舌，易致呕吐。

满山红

满山红是杜鹃花科植物兴安杜鹃的干燥叶。属止咳平喘药。始载于《东北常用中草药手册》。

◆ 产地和分布

兴安杜鹃在中国广泛分布，生长于山地稀疏灌丛。

夏、秋二季采收，阴干。商品药材来源于野生。

兴安杜鹃

◆ 性状

满山红多反卷成筒状，有的皱缩破碎，完整叶片展平后呈椭圆形或长倒卵形，长2～7.5厘米，宽1～3厘米。先端钝，基部近圆形或宽楔形，全缘；上表面暗绿色至褐绿色，散生浅黄色腺鳞；下表面灰绿色，腺鳞甚多；叶柄长3～10毫米。气芳香特异，味较苦、微辛。

◆ 药性和功用

满山红味苦、辛，寒，归肺、脾经。具有止咳祛痰功能，用于咳嗽、气喘、痰多。

◆ 成分和药理

满山红主要含有黄酮（如杜鹃素、棉花皮素、金丝桃苷、槲皮素、杨梅树皮素、二氢槲皮素）、挥发油（如 α-石竹烯、α-葎草烯、大牻牛儿酮、桉叶醇、薄荷醇）、香豆素、有机酸等，具有镇咳、祛痰、平喘、抑菌、抗炎等作用。

◆ 用法和禁忌

满山红有一定毒性，中毒后会出现头晕、出汗、心悸以及胃肠道刺激等反应。新鲜的满山红煎服用量为25～50克。还可提取芳香油，调制香精。长期以及大量服用，会导致怕寒、体虚及冒冷汗的情况。

蓍　草

蓍草是菊科植物蓍的干燥地上部分。属活血止痛药。始载于《神农本草经》。

◆ 产地和分布

蓍在中国各地庭园常有栽培，新疆、内蒙古及东北少见野生。

夏、秋二季花开时采割，除去杂质，阴干。商品药材来源于栽培。

◆ 性状

蓍草茎呈圆柱形，直径 1～5 毫米。表面黄绿色或黄棕色，具纵棱，被白色柔毛；质脆，易折断，断面白色，中部有髓或中空。叶常卷缩，破碎，完整者展平后为长线状披针形，裂片线形，表

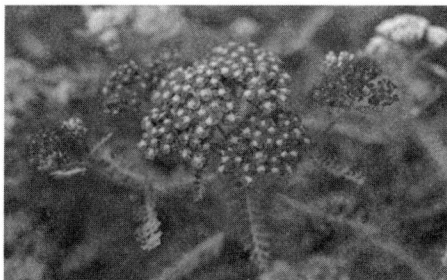

蓍

面灰绿色至黄棕色，两面被柔毛。头状花序密集成复伞房状，黄棕色；总苞片卵形或长圆形，覆瓦状排列。气微香，味微苦。

◆ 药性和功用

蓍草味苦、酸，性平，归肺、脾、膀胱经。具有解毒利湿、活血止痛功能，用于乳蛾咽痛、泄泻痢疾、肠痈腹痛、热淋涩痛、湿热带下、蛇虫咬伤。

◆ 成分和药理

蓍草含有有机酸（如琥珀酸、延胡索酸、α- 呋喃甲酸、乌头酸）、萜类（桉叶素）、黄酮（芹菜素、木犀草素）等，具有抗炎、解热、镇

痛、镇静、抗菌等作用。

◆ **用法和禁忌**

蓍草在临床多用于感冒发热、头风痛、牙痛、风湿痹痛、经闭腹痛、急性肠炎、阑尾炎、扁桃体炎、乳腺炎、跌打损伤和毒蛇咬伤等。

内服 15 ～ 45 克。必要时一日服二剂。

千年健

千年健是天南星科植物千年健的干燥根茎。属祛风湿强筋骨药。又称千颗针。始载于《本草纲目拾遗》。

◆ **产地和分布**

千年健产于中国广东、海南、广西西南部至东部、云南南部至东南部。生长于海拔 80 ～ 1100 米的沟谷密林下，竹林和山坡灌丛中。中南半岛也有。

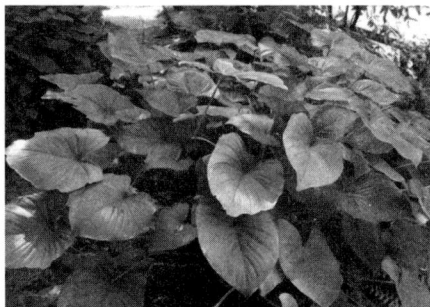

千年健

春、秋二季采挖，洗净，除去外皮，晒干。商品药材主要来自进口，也有栽培。

◆ **性状**

千年健呈圆柱形，稍弯曲，有的略扁，长 15 ～ 40 厘米，直径 0.8 ～ 1.5 厘米。表面黄棕色或红棕色，粗糙，可见多数扭曲的纵沟纹、圆形根痕及黄色针状纤维束。质硬而脆，断面红褐色，黄色针状纤维束多而明显，相对另一断面呈多数针眼状小孔及有少数黄色针状纤维束，可见深褐色具光泽的油点。气香，味辛、微苦。

千年健饮片

◆ **药性和功用**

千年健味苦、辛，性温，归肝、肾经。具有祛风湿、壮筋骨功能，用于风寒湿痹、腰膝冷痛、拘挛麻木、筋骨痿软。

◆ **成分和药理**

千年健含有挥发油、倍半萜等，具有抗炎镇痛、抗老年痴呆、抗骨质疏松、抗病原微生物、抗肿瘤等作用。

◆ **用法和禁忌**

千年健既能祛风湿，又能入肝肾强筋骨，颇宜于老人。用治风寒湿痹、腰膝冷痛、下肢拘挛麻木，常与钻地风相须为用，并可配牛膝、枸杞子、萆薢、蚕沙等酒浸服。

煎服用量5～10克，或酒浸服。阴虚内热者慎服。

积雪草

积雪草是伞形科植物积雪草的干燥全草。属清热燥湿药。又名落得打。始载于《神农本草经》。

◆ **产地和分布**

积雪草分布于中国江苏、浙江、广东等省，亚非地区（印度、南非等）也有生长，喜生于阴。

夏、秋二季采收，除去泥沙，晒干。商品药材主要来自栽培。

积雪草

◆ **性状**

积雪草为多年生草本，茎匍匐，细长，节上生根。药材常卷缩成团状。根圆柱形，长 2 ～ 4 厘米，直径 1 ～ 1.5 毫米；表面浅黄色或灰黄色。茎细长弯曲，黄棕色，有细纵皱纹，节上常着生须状根。叶片多皱缩、破碎，完整者展平后呈近圆形或肾形，直径 1 ～ 4 厘米，灰绿色，边缘有粗钝齿；叶柄长 3 ～ 6 厘米，扭曲。伞形花序腋生，短小。双悬果扁圆形，有明显隆起的纵棱及细网纹，果梗甚短。气微，味淡。

◆ **药性和功用**

积雪草味苦、辛，性寒，归肝、脾、肾经。具有清热利湿、解毒消肿功能，用于湿热黄疸、中暑腹泻、石淋血淋、痈肿疮毒、跌扑损伤。

◆ **成分和药理**

积雪草主要含三萜（积雪草酸、积雪草苷、羟基积雪草苷等）、多糖等，具有抗肿瘤、抗静脉机能不全、抗溃疡、促创伤愈合、抗抑郁、恢复神经功能、抗氧化、免疫调节、抗炎、抗病毒等作用。

◆ **用法和禁忌**

积雪草苦寒沉降，治疗湿热黄疸者，常与栀子、黄柏等同用。还能清热燥湿、泻火解毒，治疗疮疡肿毒、湿疹瘙痒，可配荆芥、苦参、白鲜皮等煎服。临床上还可用于跌打损伤、传染性肝炎、流行性脑脊髓膜炎等。

煎服用量 15 ～ 30 克。

白　芍

白芍是毛茛科植物芍药的干燥根。属补血药。始载于《神农本草经》。

◆　产地和分布

芍药分布于中国黑龙江、吉林、辽宁、河北、河南、山东、山西、陕西、内蒙古等地。生长于山坡、山谷的灌木丛或草丛中。中国各地均有栽培。

夏、秋二季采挖，洗净，除去头尾和细根，置沸水中煮后，除去外皮或去皮后再煮，晒干。商品药材来源于栽培。

◆　性状

白芍呈圆柱形，平直或稍弯曲，两端平截，长 5 ～ 18 厘米，直径 1 ～ 2.5 厘米。表面类白色或淡棕红色，光洁或有纵皱纹及细根痕，偶有残存的棕褐色外皮。质坚实，不易折断，断面较平坦，类白色或微带棕红色，形成层环明显，射线放射状。气微，味微苦、酸。

◆　药性和功用

白芍味苦、酸，性微寒，归肝、脾经。具有养血调经、敛阴止汗、

芍药

柔肝止痛、平抑肝阳之功，用于血虚萎黄、月经不调、自汗、盗汗、胁痛、腹痛、四肢挛痛、头痛眩晕。

◆ 成分和药理

白芍主要含单萜苷、鞣质、酚类、三萜、黄酮等，具有解痉、镇痛、免疫调节、保肝、抗菌等作用。

◆ 用法和禁忌

白芍能养血调经，常用于妇科疾病，多与当归、熟地同用。用于调经时，常配伍当归、川芎、熟地；治疗经行腹痛，可加香附、延胡索；治疗崩漏不止，可加阿胶、艾炭。白芍能敛阴止汗，如治外感风寒、表虚自汗而恶风，常配伍桂枝、甘草、生姜、大枣；治疗阴虚阳浮引起的盗汗，可配伍牡蛎、龙骨、柏子仁等。白芍能养血柔肝、缓急止痛，配伍当归、白术、柴胡等，可治疗血虚肝郁、胁肋疼痛；与甘草同用，可治疗肝脾失和、脘腹挛急作痛和血虚引起的四肢拘挛作痛；治疗腹痛泄泻，可配伍防风、白术、陈皮；治下痢腹痛，可配伍木香、槟榔、黄连等。白芍有平抑肝阳功效，配伍生地黄、牛膝、代赭石等可治肝阳上亢引起的头痛、眩晕。

煎服用量 6 ～ 15 克，或入丸、散剂，大剂量可用 15 ～ 30 克。不宜与藜芦同用。虚寒之证不宜单独应用。

赤 芍

赤芍是毛茛科植物芍药或川赤芍的干燥根。属清热凉血药。又名木芍药、草芍药、红芍药、毛果赤芍。始载于《开宝本草》。

◆ **产地和分布**

川赤芍分布于中国西藏东部、四川西部、青海东部、甘肃及陕西南部。在四川生长于海拔 2550 ～ 3700 米的山坡、林下、草丛中及路旁，在其他地区生长于海拔 1800 ～ 2800 米的山坡疏林中。春、秋二季采挖，除去根茎、须根及泥沙，晒干。商品药材主要来自野生。

赤药

◆ **性状**

赤芍呈圆柱形，稍弯曲，长 5 ～ 40 厘米，直径 0.5 ～ 3 厘米。表面棕褐色，粗糙，有纵沟和皱纹，并有须根痕和横长的皮孔样突起，有的外皮易脱落。质硬而脆，易折断，断面粉白色或粉红色，皮部窄，木部放射状纹理明显，有的有裂隙。气微香，味微苦、酸涩。

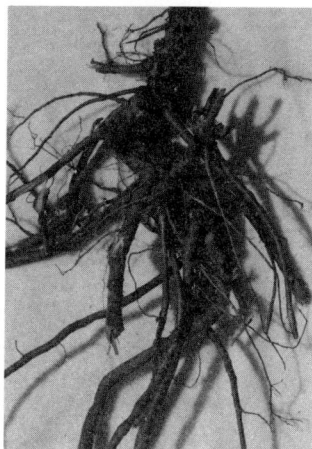

芍药根

◆ **药性和功用**

赤芍味苦，性微寒，归肝经。具有清热凉血、散瘀止痛功能，用于热入营血、温毒发斑、吐血衄血、目赤肿痛、肝郁胁痛、经闭痛经、癥瘕腹痛、跌扑损伤、痈肿疮疡。

◆ **成分和药理**

赤芍主要含萜类及其苷、黄酮及其苷、鞣质、挥发油、酚酸等，具

中药赤芍

有抗血栓、抗凝血、镇静、抗炎、抑菌、降脂等作用。

◆ **用法和禁忌**

赤芍的清热凉血作用稍逊于牡丹皮，常相须用于温热病热入血分及血热出血证，常配生地黄、水牛角同用。赤芍能活血化瘀，且长于止痛，常用于瘀血所致之月经不调、痛经、经闭、癥积、跌打肿痛等，尤宜于血热瘀滞者。赤芍尚能清肝热，治肝热所致目赤红肿、头昏头痛。

煎服用量 6 ～ 12 克。孕妇慎用。不宜与藜芦同用。

路路通

路路通是金缕梅科植物枫香树的干燥成熟果序。属祛风寒湿药。又名九孔子。始载于《本草纲目拾遗》。

◆ **产地和分布**

枫香树主产于中国江苏、浙江、江西、福建等地。生于湿润及土壤肥沃的地方。

冬季果实成熟后采收，除去杂质，干燥。商品药材主要来自栽培。

◆ **性状**

路路通为聚花果，由多数小蒴果集合而成，呈球形，直径 2 ～ 3

枫香树

厘米。基部有总果梗。表面灰棕色或棕褐色，有多数尖刺和喙状小钝刺，长 0.5～1 毫米，常折断，小蒴果顶部开裂，呈蜂窝状小孔。体轻，质硬，不易破开。气微，味淡。

◆ **药性和功用**

路路通味苦，性平，归肝、肾经。具有祛风活络、利水通经功能，用于关节痹痛、麻木拘挛、水肿胀满、乳少经闭。

◆ **成分和药理**

路路通主要含萜类（路路通酸、路路通内酯、熊果酸、齐墩果酸等）、挥发油（β-松油烯、β-蒎烯、柠檬烯等）、黄酮（三叶草苷、金丝桃苷、芸香苷等）、环烯醚萜（水晶兰苷）、甾醇等，具有抗炎、镇痛等作用。

中药路路通

◆ **用法和禁忌**

路路通能通行十二经脉，善祛风通络，凡风寒湿痹、筋脉拘挛、周身骨节疼痛者均适宜，可配伍伸筋草。配伍茯苓、桑白皮、冬瓜皮等可利水消肿，用于水肿、小便不利等。若配伍益母草，可增强活血调经、祛瘀通滞之功，用于血滞痛经、经闭、产后腹痛等。此外，路路通还能通下乳汁，用于气血瘀滞、乳汁不通，可配伍穿山甲、王不留行等药。

煎服用量 5～10 克。虚寒血崩者勿服，月经过多者禁用。

大青叶

大青叶是十字花科植物菘蓝的干燥叶。属清热解毒药。始载于《名医别录》。

中药大青叶

◆ 产地和分布

菘蓝在中国各地均有栽培。夏、秋二季分
2 ～ 3 次采收，除去杂质，晒干。商品药材主
要来自栽培。

◆ 性状

大青叶多皱缩卷曲，有的破碎。完整叶片展平后呈长椭圆形至长圆
状倒披针形，长 5 ～ 20 厘米，宽 2 ～ 6 厘米；上表面暗灰绿色，有的
可见色较深稍突起的小点；先端钝，全缘或微波状，基部狭窄下延至叶
柄呈翼状；叶柄长 4 ～ 10 厘米，淡棕黄色。质脆。气微，味微酸、苦、涩。

◆ 药性和功用

大青叶味苦，性寒，归心、胃经。具有清热解毒、凉血消斑功能，
用于温病高热、神昏、发斑发疹、痄腮、喉痹、丹毒、痈肿。

◆ 成分和药理

大青叶含有吲哚类生物碱、喹唑酮类生物碱、有机酸类、苷类等，
具有抗炎解热、抗菌、抗病毒、抗癌、抗内毒素活性、增强免疫力
等作用。

◆ 用法和禁忌

大青叶善解心胃二经实火热毒，入血分能凉血消斑、气血两清，故
可用治温热病，如治心胃毒盛、热入营血、气血两燔、高热神昏、发斑
发疹，常与水牛角、玄参、栀子等同用。与葛根、连翘等药同用时，能
表里同治，用于风热表证或温病初起、发热头痛、口渴咽痛等。大青叶

还善解瘟疫时毒，有解毒利咽、凉血消肿之效。用治心胃火盛、咽喉肿痛、口舌生疮者，常与生地黄、大黄、升麻同用；若瘟毒上攻、发热头痛、疹腮、喉痹者，可与金银花、大黄、拳参同用；用治血热毒盛、丹毒红肿者，可用鲜品捣烂外敷，或与蒲公英、紫花地丁、重楼等药配伍使用。

煎服用量 9 ～ 15 克，鲜品用量 30 ～ 60 克。外用适量。脾胃虚寒者忌用。

白 薇

白薇是萝藦科植物白薇或蔓生白薇的干燥根和根茎。属清虚热药。又名薇草。始载于《神农本草经》。

◆ 产地和分布

白薇主产于中国安徽、河北、辽宁等地。春、秋二季采挖，洗净，干燥。切段，生用。商品药材主要来自栽培。

◆ 性状

白薇根茎粗短，有结节，多弯曲。上面有圆形的茎痕，下面及两侧簇生多数细长的根，根长 10 ～ 25 厘米，直径 0.1 ～ 0.2 厘米。表面棕黄色。质脆，易折断，断面皮部黄白色，木部黄色。气微，味微苦。

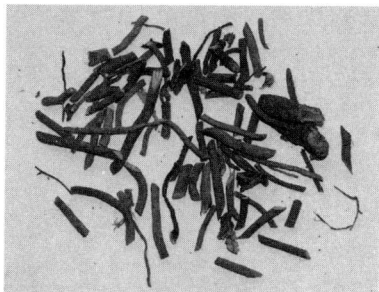

中药白薇

◆ 药性和功用

白薇味苦、咸，性寒，归胃、肝、

肾经。具有清热凉血、利尿通淋、解毒疗疮功能,用于温邪伤营发热、阴虚发热、骨蒸劳热、产后血虚发热、热淋、血淋、痈疽肿毒。

◆ **成分和药理**

白薇主要含挥发油(白薇素)、强心苷(甾体多糖苷)等,具有消炎、退热、利尿、祛痰、平喘和抗肿瘤等作用。

◆ **用法和禁忌**

白薇有退虚热、凉血清热之功。治疗阴虚发热,骨蒸潮热,常配伍生地黄、知母、地骨皮等滋阴清虚热药。治疗产后血虚发热,低热不退,常与当归、人参等补益气血之品同用。治疗温热病后期,余热未尽,耗伤阴液,见夜热早凉者,常与生地黄、玄参、青蒿等同用。白薇还能利尿通淋,治疗热淋、血淋,常与滑石、车前子、木通等利尿通淋之品配伍。白薇还有清热解毒、消肿疗疮之功,内服、外用均可。治疗热毒疮痈,可单用捣烂外敷,或配伍金银花、蒲公英等清热解毒药内服。治疗热毒壅盛咽喉肿痛,常与山豆根、连翘等清热利咽之品同用。此外,白薇还能清泄肺热而透邪,清虚热而护阴,常与玉竹、淡豆豉等配伍,治疗阴虚外感。

煎服用量5～10克,外用适量。脾胃虚寒、食少便溏者不宜服用。

川楝子

川楝子是楝科植物川楝的干燥成熟果实。属理气药。又称金铃子。始载于《神农本草经》。

◆ **产地和分布**

川楝产于中国西南、西北地区。生于肥沃、土壤湿润的杂木林和疏林内。

冬季果实成熟时采收，除去杂质，干燥。商品药材主要来自栽培。

◆ **性状**

川楝子呈类球形，直径 2 ～ 3.2 厘米。表面金黄色至棕黄色，微有光泽，少数凹陷或皱缩，具深棕色小点。顶端有花柱残痕，基部凹陷，有果梗痕。外果皮革质，与果肉间常成空隙，果肉松软，淡黄色，遇水润湿显黏性。果核球形或卵圆形，质坚硬，两端平截，有 6 ～ 8 条纵棱，内分 6 ～ 8 室，每室含黑棕色长圆形的种子 1 粒。气特异，味酸、苦。

◆ **药性和功用**

川楝子味苦，性寒，有小毒，归肝、小肠、膀胱经。具有疏肝泄热、行气止痛、杀虫功能，用于肝郁化火、肝胃气痛、胸胁、脘腹胀痛、疝气疼痛、虫积腹痛、秃疮、头癣等症。

◆ **成分和药理**

川楝子主要含川楝素、楝树碱、脂肪油、鞣质、树脂、三萜（苦楝子酮、21-O- 乙酰川楝子三醇、脂苦楝子醇、21-O- 甲基川楝子五醇）等，具有阻断神经肌肉接头间的传递、兴奋肠道平滑肌、抑制呼吸中枢、抑菌、抗肿瘤等作用。

中药川楝子

◆ 用法和禁忌

川楝子治疗脘胁疼痛，与延胡索同用，效果显著；治疗疝气疼痛，可与青皮、乌药同用；治疗虫积腹痛，可与芜荑、鹤虱等同用；治疗脏毒下血，可直接单用；油脂调膏外敷，可杀虫治癣。

煎服用量5～10克；外用适量，研末调涂。脾胃虚寒者禁服。内服量不宜过大或久服。苦楝子与川楝子毒性不同，注意不能混用，要分别入药。

天仙藤

天仙藤是马兜铃科植物马兜铃或北马兜铃的干燥地上部分。属理气药。又称都淋藤、兜铃苗、马兜铃藤。始载于《本草图经》。

◆ 产地和分布

天仙藤产于中国云南东南部、广东西南部和广西南部。生于林中。秋季采割，除去杂质，晒干，或闷润，切段晒干。商品药材主要来自栽培。因具有肾毒性，2020年版《中国药典》（一部）中未被继续收载。

◆ 性状

天仙藤茎呈细长圆柱形，略扭曲，直径1～3毫米；表面黄绿色或淡黄褐色，有纵棱及节，节间不等长；质脆，易折断，断面有数个大小不等的维管束，叶互生，

马兜铃

多皱缩、破碎，完整叶片展平后呈三角状狭卵形或三角状宽卵形，基部心形，暗绿色或淡黄棕色，基生叶脉明显，叶柄细长。气清香，味淡。

◆ **药性和功用**

天仙藤味苦、性温，归肝、脾、肾经。具有行气活血、通络止痛、祛风利湿功能，用于脘腹刺痛、胃痛、疝气痛、产后血气腹痛、妊娠水肿、风湿痹痛、痰注臂痛及毒蛇咬伤等症。

◆ **成分和药理**

天仙藤主要含马兜铃酸 D、β- 谷甾醇、木兰花碱、硝基苯类有机酸衍生物、内酯胺类成分等，具有箭毒样作用、降压、阻断神经节、抑菌、抗癌等作用。

◆ **用法和禁忌**

天仙藤治疗肝胃不和所致的胃脘痛时，多配伍木香、川楝子等理气止痛药；治疗血气腹痛时，可与生姜、酒同用；治疗妊娠水肿，常配伍香附、陈皮、乌药等；与防风、威灵仙等配伍，可治风湿痹痛，并可增强祛风效果；治疗痰注臂痛，常与羌活、半夏等配伍；与乳香、没药配伍，可治气滞血瘀所致的癥瘕积聚等症。

煎服用量 3 ～ 6 克；外用适量，煎水洗或捣敷。可引起肾脏损害等不良反应，儿童、老年人及体虚者慎用，孕妇、婴幼儿及肾功能不全者禁用。

枇杷叶

枇杷叶是蔷薇科植物枇杷的干燥叶。属止咳平喘药。又称巴叶、芦桔叶。始载于《名医别录》。

枇杷

枇杷叶和花

◆ **产地和分布**

枇杷主产于中国华东、中南、西南及陕西、甘肃等地，其中广东、江苏产量较大。

全年均可采收，晒至七成干时，扎成小把，再晒干。商品药材主要来自栽培。

◆ **性状**

枇杷叶呈长圆形或倒卵形，长12～30厘米，宽4～9厘米。先端尖，基部楔形，边缘有疏锯齿，近基部全缘。上表面灰绿色、黄棕色或红棕色，较光滑；下表面密被黄色绒毛，主脉于下表面显著突起，侧脉羽状；叶柄极短，被棕黄色绒毛。革质而脆，易折断。气微，味微苦。

◆ **药性和功用**

枇杷叶味苦，性微寒，归肺、胃经。具有清肺止咳、降逆止呕的功能，用于肺热咳嗽、气逆喘急、胃热呕逆、烦热口渴。

◆ **成分和药理**

枇杷叶主要含三萜（如熊果酸、齐墩果酸）、倍半萜（如橙花叔醇、金合欢醇、芳樟醇）等，具有镇咳、祛痰、平喘、抗炎、抗菌和降血糖等功效。

◆ **用法和禁忌**

枇杷叶是清肺化痰止咳的常
用药，主要用于肺热咳嗽，常与
桑白皮、前胡、黄芩配伍。治疗
燥热伤肺、咳嗽少痰或干咳无痰，
可配甘蔗、梨、白蜜炖汤代茶饮，

中药枇杷叶

或配伍桑叶、苦杏仁、麦冬等。治疗肺虚久咳，可配伍阿胶、百合等，
或配梨、白蜜、莲子肉为膏。枇杷叶还能清胃热、降胃气、止呕逆，治
疗胃热呕吐、呃逆，烦热口渴者，可配伍黄连、竹茹、橘皮等；配伍白
茅根、淡竹叶等可增强清胃除烦止渴作用；治中寒气逆所致的饮食不入，
可配伍生姜、橘皮、甘草。此外，枇杷叶还能用于热病口渴及消渴，常
配天花粉、知母同用。止咳宜炙用，止呕宜生用。

煎服用量 10 ～ 15 克，鲜品加倍。

前　胡

前胡是伞形科植物白花前胡的干燥根。属清热化痰药。又称信前
胡、官前胡、鸡脚前胡等。始载于《名医别录》："前胡似柴胡而柔软……
而《本经》上品有柴胡而无此，晚来医乃用之。"

◆ **产地和分布**

白花前胡产于中国甘肃、河南、贵州、广西、四川、湖北、湖南、江西、
安徽、江苏、浙江、福建（武夷山）。生长于海拔 250 ～ 2000 米的山
坡林缘，路旁或半阴性的山坡草丛中。

冬季至次春茎叶枯萎或未抽花茎时采挖，除去须根，洗净，晒干或低温干燥。商品药材主要来源于栽培。

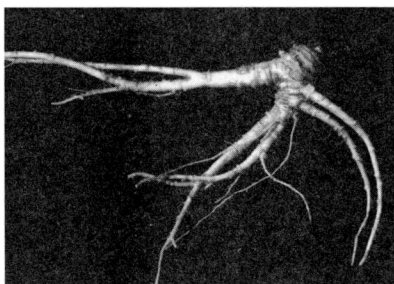

白花前胡的根

◆ **性状**

前胡呈不规则的圆柱形、圆锥形或纺锤形，稍扭曲，下部常有分枝，长 3 ～ 15 厘米，直径 1 ～ 2 厘米。表面黑褐色或灰黄色，根头部多有茎痕和纤维状叶鞘残基，上端有密集的细环纹，下部有纵沟、纵皱纹及横向皮孔样突起。质较柔软，干者质硬，可折断，断面不整齐，淡黄白色，皮部散有多数棕黄色油点，形成层环纹棕色，射线放射状。气芳香，味微苦、辛。

◆ **药性和功用**

前胡味苦、辛，性微寒，归肺经。具有降气化痰、散风清热功能，用于痰热喘满、咯痰黄稠、风热咳嗽痰多等。

◆ **成分和药理**

前胡主要含香豆素（如外消旋前胡素 A、白花前胡乙素）、香豆素糖苷（如紫花前胡苷）、D- 甘露醇等，具有祛痰、抗真菌、抗心律失常等作用。

◆ **用法和禁忌**

前胡辛散苦降，既能宣肺散风清热，治疗风热感冒、咳嗽痰多、气急等症；又能降气化痰，治疗肺热咳嗽、痰黄稠黏、胸闷不畅等症。常与桔梗配伍，用于治疗邪热郁肺而疾多咳喘。与桑白皮、杏仁、贝母等相配，可治疗痰壅于肺、肺气不降、咳嗽痰稠、胸闷不畅。与桔梗、薄荷、牛蒡子合用又可治疗外感风邪壅于肺所致的咳嗽。

煎服用量 3 ～ 10 克，或入丸、散剂。

漏　芦

漏芦是菊科植物祁州漏芦的干燥根。属清热解毒药。又名狼头花。始载于《神农本草经》。

◆ **产地和分布**

漏芦主产于中国东北、华北和西北地区。俄罗斯远东、东西伯利亚和日本也有分布。

春、秋二季采挖，除去须根和泥沙，晒干。切片，生用。商品药材主要来自栽培。

漏芦

◆ **性状**

漏芦呈圆锥形或扁片块状，多扭曲，长短不一，直径 1 ～ 2.5 厘米。表面暗棕色、灰褐色或黑褐色，粗糙，具纵沟及菱形的网状裂隙。外层易剥落，根头部膨大，有残茎和鳞片状叶基，顶端有灰白色绒毛。体轻，质脆，易折断，断面不整齐，灰黄色，有裂隙，中心有的呈星状裂隙，灰黑色或棕黑色。气特异，味微苦。

◆ **药性和功用**

漏芦味苦，性寒，归胃经。具有清热解毒、消痈、下乳、舒筋通脉功能，用于乳痈肿痛、痈疽发背、瘰疬疮毒、乳汁不通、湿痹拘挛。

◆ **成分和药理**

漏芦主要含植物蜕皮激素、槲皮素、萜类、噻吩、没食子酸和皂苷等，具有抗氧化活性、抗动脉粥样硬化、调节免疫和中枢神经、抗炎、镇痛、保肝、抗疲劳等作用。

◆ **用法和禁忌**

漏芦功能清热解毒、消痈散结，又兼通经下乳之功，故为治乳痈良药。治乳痈肿痛，常与瓜蒌、蛇蜕同用；治热毒壅聚、痈肿疮毒，常与大黄、连翘、紫花地丁等同用；治痰火郁结、瘰疬欲破者，可与海藻、玄参、连翘等同用。漏芦为产后乳汁不通的常用药。治乳络塞滞、乳汁不下、乳房胀痛、欲作乳痈者，常与穿山甲、王不留行等药同用；气血亏虚、乳少清稀者，当配伍黄芪、鹿角胶等同用。此外，漏芦还有舒筋通脉活络之功。治湿痹筋脉拘挛、骨节疼痛，常与地龙配伍。

煎服用量5～9克。外用，研末调敷或煎水洗。气虚、疮疡平塌者及孕妇忌服。

白头翁

白头翁是毛茛科植物白头翁的干燥根。属清热解毒药。又名野丈人。始载于《神农本草经》。

◆ **产地和分布**

白头翁主产于中国东北、华北、华东。

春、秋二季采挖，除去叶及残留的花茎和须根，保留根头白绒毛，晒干。切薄片，生用。商品药材主要来自栽培。

白头翁

◆ **性状**

白头翁呈类圆柱形或圆锥形，稍扭曲，长 6 ～ 20 厘米，直径 0.5 ～ 2 厘米。表面黄棕色或棕褐色，具不规则纵皱纹或纵沟，皮部易脱落，露出黄色的木部，有的有两状裂纹或裂隙，近根头处常有朽状凹洞。根头部稍膨大，有白色绒毛，有的可见鞘状叶柄残基。质硬而脆，断面皮部黄白色或淡黄棕色，木部淡黄色。气微，味微苦涩。

◆ **药性和功用**

白头翁味苦，性寒，归胃、大肠经。具有清热解毒、凉血止痢功能，用于热毒血痢、阴痒带下。

◆ **成分和药理**

白头翁主要含三萜皂苷、原白头翁素、白头翁素、胡萝卜素等，具有抗菌、抗病毒、抗病原虫、抗炎、镇静、镇痛、抗氧化等作用。

中药白头翁

◆ **用法和禁忌**

白头翁能清热解毒、清泄湿热、散瘀化滞、凉血止痢，尤善清胃肠湿热及血分热毒，对热毒血痢和湿热痢疾均有较好的疗效，为治痢之良药。尤善治胃肠郁火热毒入伤血分而血热毒盛所致之下痢脓血，里急后重腹痛等症，可单用，或配伍黄连、黄柏、秦皮同用；若为赤痢下血，日久不愈，腹内冷痛，则与阿胶、干姜、赤石脂等药同用。用治下焦湿热所致之阴痒、带下等证，与秦皮等配伍煎汤外洗。治疗疔腮、瘰疬、疮痈肿痛等证，与蒲公英、连翘等清热解毒，消痈散结药同用；尚可用于血热出血。另外，白头翁在兽医临床也广泛应用。

煎服用量 9～15 克，鲜品 15～30 克；外用适量。虚寒泻痢忌服。

鸦胆子

鸦胆子是苦木科植物鸦胆子的干燥成熟果实。属清热解毒药。又名苦参子、老鸦胆。始载于《本草纲目拾遗》。

◆ **产地和分布**

鸦胆子产于中国福建、台湾、广东、广西、海南和云南等。生于海拔 950～1000 米的旷野或山麓灌丛中或疏林中。亚洲东南部至大洋洲北部也有。秋季果实成熟时采收，除去杂质，晒干。商品药材主要来自野生和栽培。

◆ **性状**

鸦胆子呈卵形，长 6～10 毫米，直径 4～7 毫米。表面黑色或棕色，有隆起的网状皱纹，网眼呈不规则的

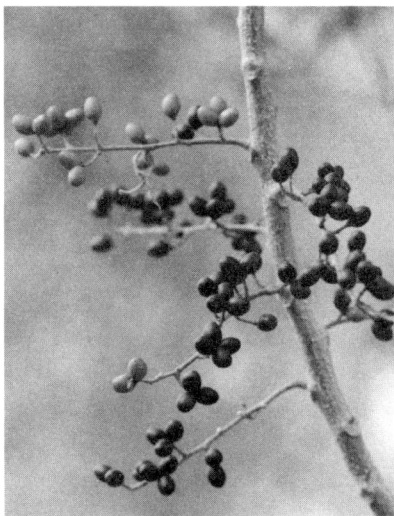

鸦胆子果实

多角形，两侧有明显的棱线，顶端渐尖，基部有凹陷的果梗痕。果壳质硬而脆，种子卵形，长 5～6 毫米，直径 3～5 毫米，表面类白色或黄白色，具网纹；种皮薄，子叶乳白色，富油性。气微，味极苦。

◆ **药性和功用**

鸦胆子味苦，性寒，有小毒，归大肠、肝经。具有清热解毒、截疟、止痢、腐蚀赘疣功能，用于痢疾、疟疾，外用治赘疣、鸡眼。

◆ **成分和药理**

鸦胆子含有四环三萜、黄酮、蒽醌等，具有抗肿瘤、抗消化道溃疡、降血脂、抗疟等作用。

◆ **用法和禁忌**

鸦胆子善清大肠蕴热、凉血止痢，可用治热毒血痢、便下脓血、里急后重等症，单用即有效。又有燥湿杀虫止痢之功，可用治冷积久痢，采取口服与灌肠并用的方法，疗效较佳；若用治久痢久泻、迁延不愈者，可与诃子肉、乌梅肉、木香等同用。各种类型疟疾均可应用，尤以间日疟及三日疟效果较好，对恶性疟疾也有效。外用有腐蚀作用，用治鸡眼、寻常疣等，可取鸦胆子仁捣烂涂敷患处，或用鸦胆子油局部涂敷。

有毒，对胃肠道及肝肾均有损害，内服需严格控制剂量 0.5～2 克，以干龙眼肉包裹或装入胶囊包裹吞服，亦可压去油制成丸剂、片剂服，不宜大煎剂，不宜多用、久服。外用适量，注意用胶布保护好周围正常皮肤，以防止对正常皮肤的刺激。孕妇及小儿慎用。胃肠出血及肝肾病患者，应忌用或慎用。

绞股蓝

绞股蓝是葫芦科植物绞股蓝的干燥地上部分或全草。属补气药。又称七叶胆。始载于《救荒本草》。

◆ 产地和分布

绞股蓝产于中国安徽、浙江、江西、福建、广东、贵州，现各地多有栽培。生长于山间阴湿处。

秋季采收，晒干。商品药材主要来自栽培。

绞股蓝

◆ 性状

绞股蓝为多年生攀缘草本。茎细长，节上有毛或无毛，卷须常 2 裂或不分裂。叶鸟足状，常有 5 ～ 7 小叶组成，小叶片长椭圆状披针形至卵形，有小叶柄，中间小叶片长 3 ～ 9 厘米，宽 1.5 ～ 3 厘米，边缘有锯齿，背面或沿两面叶脉有短刚毛或近无毛。圆锥花序，花小，直径约 3 毫米，花萼裂片三角形，长约 0.5 毫米，花冠裂片披针形，长约 2 毫米。果球形，成熟时黑色。

◆ 药性和功用

绞股蓝味苦，性寒，归脾、肺经。具有清热、补虚、解毒功效，用于体虚乏力、虚劳失精、白细胞减少症、高脂血症、病毒性肝炎、慢性胃肠炎、慢性气管炎。

◆ 成分和药理

绞股蓝主要含有三萜皂苷（绞股蓝糖苷 TN-1、TN-2，绞股蓝苷）、黄酮（芸香苷、商陆苷、商陆黄素）、甾醇等，具有抗癌、抗衰老、抗疲劳、增强免疫、降血脂等作用。

◆ **用法和禁忌**

绞股蓝可用于治疗脾虚的多种兼夹证候。治疗脾虚气滞之胃脘疼痛、嗳气、吞酸，可配伍白及、乌贼骨、蒲公英等；治疗脾虚肝郁湿阻证，常配伍茵陈、郁金、茯苓等；治疗气虚血瘀、脉络瘀阻所致的胸痹心痛，常与丹参、当归、川芎等配伍；治疗气阴两虚所致消渴、形瘦、乏力等，可配伍太子参、天花粉、山茱萸等。绞股蓝既能健脾除湿，又能化痰止咳。治疗痰浊壅肺之咳嗽气喘、胸闷多痰，多与半夏、橘红、瓜蒌等配伍。绞股蓝还可清热解毒，可用于热毒证。另外，绞股蓝还可用于茶饮、药膳、保健食品和化妆品等。

煎服用量15～30克，研末吞服3～6克，或泡茶饮；外用适量，捣烂涂擦。

侧柏叶

侧柏叶是柏科植物侧柏的干燥枝梢和叶。属凉血止血药。又称柏叶、扁柏叶等。始载于《神农本草经》。

◆ **产地和分布**

侧柏在中国华北地区有野生，除青海、新疆外，全国均有栽培。

多在夏、秋二季采收，阴干。商品药材来源于野生或栽培。

◆ **性状**

侧柏叶多分枝，小枝扁平。叶细小鳞片状，交互对生，贴伏于枝上，深绿色或黄绿色。质脆，易折断。气清香，味苦涩、微辛。

◆ **药性和功用**

侧柏叶苦、涩，性寒，归肺、肝、脾经。具有凉血止血、化痰止咳、生发乌发功能，用于吐血、衄血、咯血、便血、崩漏下血、肺热咳嗽、血热脱发、须发早白。

◆ **成分和药理**

侧柏叶主要含挥发油（含雪松烯、

侧柏叶

雪松醇、侧柏烯、侧柏酮、小茴香酮等）、黄酮（香橙素、槲皮素、杨梅树皮素、扁柏双黄酮、穗花杉双黄酮等）、鞣质等，具有止血、抗炎、抗肿瘤、镇咳、祛痰、平喘等作用。

◆ **用法和禁忌**

侧柏叶善清血热，兼能收敛止血，为治各种出血病证之要药，尤以血热出血者为宜。单用即有效，或配其他凉血止血之品。与荷叶、地黄、艾叶同用，可治血热妄行之吐血、衄血；配伍蒲黄、小蓟、白茅根，可治尿血、血淋；配槐花、地榆治肠风、痔血或血痢；与芍药同用可治崩漏下血。配伍温里祛寒药可用于虚寒性出血，配伍干姜、艾叶等可治中气虚寒、吐血不止；配伍川续断、鹿茸、阿胶等，可治下焦虚寒、便血不止。侧柏叶还适用于肺热咳喘、痰稠难咯者，可单味运用，或配伍贝母、制半夏等同用。此外，还有生发乌发之效，适用于血热脱发、须发

早白，可研末调和麻油外涂。

煎服用量 10 ～ 15 克；外用适量。止血多炒碳用，化痰止咳宜生用。多服、久服易致胃脘不适及食欲不振。

紫珠叶

紫珠叶是马鞭草科植物杜虹花或紫珠的干燥叶。属收敛止血药。又称紫荆。始载于《本草拾遗》。

◆ 产地和分布

紫珠产于中国江西（南部）、浙江（东南部）、台湾、福建、广东、广西、云南（东南部）。生长于海拔 1590 米以下的平地、山坡和溪边的林中或灌丛中。

夏、秋二季枝叶茂盛时采摘，干燥。商品药材来源于栽培或野生。

◆ 性状

紫珠叶多皱缩、卷曲，有的破碎。完整叶片展平后呈卵状椭圆形或椭圆形，长 4 ～ 19 厘米，宽 2.5 ～ 9 厘米。先端渐尖或钝圆，基部宽楔形或钝圆，边缘有细锯齿，近基部全缘。上表面灰绿色或棕绿色，被星状毛和短粗毛；下表面淡绿色或淡棕绿色，密被黄褐色星状毛和金黄色腺点，主脉和侧脉突出，小脉伸入齿端。叶柄长 0.5 ～ 1.5 厘米。气微，味微苦涩。

紫珠叶

◆ **药性和功用**

紫珠味苦、涩,性凉,归肝、肺、胃经。具有凉血收敛止血、散瘀解毒消肿功能,用于衄血、咯血、吐血、便血、崩漏、外伤出血、热毒疮疡、水火烫伤。

◆ **成分和药理**

紫珠主要含有萜及其苷类(大叶紫珠萜酮、香树脂素等)、黄酮(3,5-二甲基茨非醇、3,3,4,5,7-五甲基黄酮等)、苯丙素、酚酸、鞣质、挥发油等,具有镇痛、消炎、抗菌、抗病毒、抗氧化、抗肿瘤、提高免疫功能等作用。

◆ **用法和禁忌**

紫珠既能收敛止血,又能凉血止血,适用于各种内外伤出血,尤多用于肺胃出血之证。可单独应用,也可配其他止血药物同用。治疗咯血、呕血、衄血,可与大蓟、白及等同用;治疗尿血、血淋,可与小蓟、白茅根等同用;治疗便血、痔血,可与地榆、槐花等同用;治疗外伤出血,可单用捣敷或研末敷掺,或以纱布浸紫珠液覆盖压迫局部。紫珠还有清热解毒敛疮之功。治疗烧烫伤,单用研末撒布患处,或煎煮滤取药液浸湿纱布外敷;治疗热毒疮疡,可单用鲜品捣敷,并煮汁内服,也可配其他清热解毒药物同用。

煎服用量 10 ~ 15 克,研末 1.5 ~ 3 克;外用适量。

骨碎补

骨碎补是水龙骨科植物槲蕨的干燥根茎。属活血疗伤药。又称猴姜、猢狲姜、石毛姜等。始载于《本草拾遗》。

槲蕨

◆ 产地和分布

槲蕨主要产于中国辽宁、山东、江苏及台湾地区。生长于山地林中的树干上或岩石上，海拔 500 ～ 700 米。朝鲜南部及日本也有分布。

全年均可采挖，除去泥沙，干燥，或再燎去茸毛（鳞片）。商品药材来源于野生。

◆ 性状

骨碎补呈扁平长条状，多弯曲，有分枝，长 5 ～ 15 厘米，宽 1 ～ 1.5 厘米，厚 0.2 ～ 0.5 厘米。表面密被深棕色至暗棕色的小鳞片，柔软如毛，经火燎者呈棕褐色或暗褐色。两侧及上表面均具凸起或凹下的圆形叶痕，少数有叶柄残基及须根残留。体轻，质脆，易折断，断面红棕色，维管束呈黄色点状，排列成环。无臭，味淡，微涩。

◆ 药性和功用

骨碎补味苦，性温，归肝、肾经。具有补肾强骨、续伤止痛功能，用于肾虚腰痛、耳鸣耳聋、牙齿松动、跌扑闪挫、筋骨折伤，外用可治斑秃、白癜风。

◆ 成分和药理

骨碎补主要含有黄酮（如柚皮苷、山奈酚、木犀草素、紫云英苷、儿茶素、金鱼草素）、酚酸（如原儿茶酸、肉桂酸、咖啡酸）、三萜等，具有促进骨伤愈合、抗骨质疏松、抗炎、改善软骨组织、降血脂等作用。

◆ **用法和禁忌**

骨碎补能活血散瘀、消肿止痛、续筋接骨，以其入肾治骨，能治骨伤碎而得名，为伤科要药。治跌扑损伤，可单用浸酒服并外敷，亦可水煎服；或配伍没药、自然铜等。骨碎补苦温入肾，还能温补肾阳、强筋健骨，可治肾虚之证。治肾虚腰痛脚弱，配伍补骨脂、牛膝；治肾虚耳鸣、耳聋、牙痛，配熟地、山茱萸等；治肾虚久泻，既可单用研末，入猪肾中煨熟食之；亦可配伍补骨脂、益智仁、吴茱萸等以加强温肾暖脾止泻之效。骨碎补还可用于斑秃、白癜风等病证的治疗。

煎服用量为 3～9 克，鲜品 6～15 克；外用鲜品适量研末调敷，亦可浸酒擦患处。阴虚火旺、血虚风燥慎用。

络石藤

络石藤是夹竹桃科植物络石的干燥带叶藤茎。属祛风湿热药。又称耐冬。始载于《神农本草经》。

◆ **产地和分布**

络石藤主产于中国江苏、湖北、安徽、山东等地。生于山野、荒地，常攀缘附生于石上、墙上或其他植物上，亦有栽培在庭园中作观赏者。冬季至次春采割，除去杂质，晒干，切断。商品药材主要来自栽培。

◆ **性状**

络石藤茎呈圆柱形，弯曲，多分枝，长短不一，直径 1.5～5 毫米，表面红褐色，有纵细纹，散生攀缘根或点状突起的根痕，以节部为多，

茎节略膨大。质坚韧，折断面淡
黄白色。叶片对生，多数已脱落，
呈椭圆形或卵状披针形，长 1～8
厘米，宽 0.7～3.5 厘米，有时稍
卷折，上表面淡绿色或暗绿色，
革质。气微，味微苦。

络石

◆ **药性和功效**

络石藤味苦，性微寒，归心、肝、肾经。具有祛风通络、凉血消肿
功能，用于风湿热痹、筋脉拘挛、腰膝酸痛、喉痹、痈肿、跌扑损伤。

◆ **成分和药理**

络石藤主要含黄酮（牛蒡苷、络石苷）、木质素等，具有抗肿瘤、扩
张血管、降低血压、抗炎、镇痛等作用。

◆ **用法和禁忌**

络石藤既能祛风通络，又能清热凉血消肿。与秦艽、忍冬藤、地龙
等配伍可用于治疗风湿热痹、筋脉拘挛、腰膝酸痛，若单用酒浸服亦可
达此功效。单用水煎，慢慢含咽，可治疗热毒之咽喉肿痛。与皂角刺、
瓜蒌等配伍可治疗痈肿疮毒。络石藤还可用于清热凉血消肿止痛，与伸
筋草、透骨草、红花等配伍可用于治疗跌打损伤、瘀滞肿痛。风湿痹痛
偏热者可单味浸酒服，也可与木瓜、海风藤、桑寄生、生薏苡仁等同用。
治疮疡肿痛之症，常与乳香、没药、瓜蒌、甘草、皂角刺等配伍。与五
加皮、牛膝配伍则可治疗关节炎。此外，络石藤适量，晒干研末撒敷，
可治外伤出血。

煎服用量为 6 ～ 12 克，单味可用至 30 克，浸酒则需 30 ～ 60 克，可用入丸或散剂；外用，鲜品捣敷。《本草经疏》记载"阴脏人畏寒易泄者勿服"。

白　蔹

白蔹是葡萄科植物白蔹的干燥块根。属清热解毒药。又名白根、猫儿卵。始载于《神农本草经》。

◆ **产地和分布**

白蔹产于中国华北、华东及中南省区，广西、广东也有生产。

春、秋二季采挖，除去泥沙及细根，洗净，切成纵瓣或斜片，晒干。商品药材主要来自栽培。

◆ **性状**

白蔹纵瓣呈长圆形或近纺锤形，长 4 ～ 10 厘米，直径 1 ～ 2 厘米。切面周边常向内卷曲，中部有突起的棱线。外皮红棕色或红褐色，有纵皱纹、细横纹及横长皮孔，易层层脱落，脱落处呈淡红棕色。斜片呈卵圆形，长 2.5 ～ 5 厘米，宽 2 ～ 3 厘米。切面类白色或浅红棕色，可见放射状纹理，周边较厚，微翘起或略弯曲。体轻，质硬脆，易折断，折断时，有粉尘飞出。气微，味甘。

◆ **药性和功用**

白蔹味苦，性微寒，归心、胃经。具有清热解毒、消痈散结、敛疮生

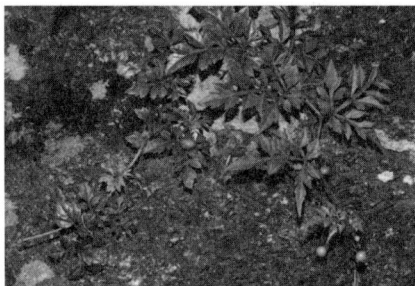
植物白蔹

肌功能，用于痈疽发背、疔疮、瘰疬、烧烫伤。

◆ 成分和药理

白蔹主要含有黄酮（槲皮素等）、甾醇（α-菠甾醇、β-谷甾醇、豆甾醇等）、蒽醌（大黄酚、大黄素、大黄素甲醚）、黏液质、龙脑酸及其糖苷、脂肪酸等，具有抗菌、抗肿瘤、抗病毒、

白蔹饮片

抗氧化、调节免疫活性、敛疮生肌促进溃疡面愈合等作用。

◆ 用法和禁忌

白蔹有清热解毒、消痈散结、敛疮生肌、消肿止痛之效，内服、外用皆可。用治热毒壅聚，痈疮初起，红肿硬痛者，可单用为末以水调涂敷患处，或与金银花、连翘、蒲公英等同煎内服，以消肿散结；若疮痈脓成不溃者，亦可与苦参、天南星、皂角等制作膏药外贴，可促使其溃破排脓；若疮疡溃后不敛，可与白及、络石藤共研细末，干撒疮口，以生肌敛疮。若用治痰火郁结，痰核瘰疬，常与玄参、赤芍、大黄等研末醋调，外敷患处；或与黄连研末，油脂调敷患处。用治水火烫伤，可单用本品研末外敷，亦可与地榆等份为末外用。若与白及、大黄、冰片配伍麻油调敷，还可用于手足皲裂。与生地黄或阿胶同用，可治疗血热之咯血、吐血；单用捣烂外敷还可用于扭挫伤痛等。

煎服用量5～10克；外用适量，煎汤外洗或研成极细粉末敷于患处。脾胃虚寒者不宜服。不宜与川乌、草乌、附子同用。

海桐皮

海桐皮是豆科植物刺桐或乔木刺桐的干燥树皮。属祛风湿热药。又称钉桐皮、鼓桐皮、鹦哥花。始载于《海药本草》。

◆ **产地和分布**

刺桐产于中国台湾、福建、广东、广西等。常见于树旁或近海溪边，或栽于公园。原产地为印度至大洋洲海岸林中，内陆亦多有栽植。马来西亚、印度尼西亚、柬埔寨、老挝、越南亦有分布。

乔木刺桐产于中国云南、西藏、四川、贵州及海南（尖峰岭）。生于海拔450～2100米山沟中或草坡上，也常有栽培，印度、尼泊尔、缅甸也有分布。

夏、秋剥取树皮，晒干、切丝。商品药材主要来自栽培或野生。

刺桐

◆ **性状**

刺桐皮呈半圆筒状或板片状，两边略卷曲，长约40厘米，厚0.25～1.5厘米，外表面黄棕色至棕黑色，常有宽窄不等的纵沟纹。老树皮栓皮较厚，栓皮有时被刮去，未除去栓皮的表面粗糙，有黄色皮孔，并散布有钉刺，或除去钉刺后的圆形疤痕，钉刺长圆锥形，5～8毫米，顶锐尖，基部直径5～10毫米；内表面黄棕色，较平坦，有细密纵网纹，根皮无刺。质坚韧，易纵裂，不易折断，断面浅棕色，裂片状。气微，味微苦。

乔木刺桐皮，基本同刺桐皮，呈向内卷的横长条形或平坦的小方块，厚 3 ～ 6 毫米，外表面黄棕色或棕褐色至棕黑色不等，有的显暗绿色，粗糙；栓皮多脱落，钉刺基部与栓皮界限不明显；内表面浅黄棕色，平滑，有细纵纹。质坚硬，折断面黄色。纤维性。气微，味微苦。

◆ 药性和功用

海桐皮味苦、辛，性平，归肝经。具有祛风除湿、通络止痛、杀虫止痒功能，主治风湿痹痛、肢节拘挛、跌打损伤、疥癣、湿疹。

◆ 成分和药理

海桐皮主要含生物碱、黄酮、有机酸等，具有镇痛、镇静、抑菌、抗炎、增强心肌收缩力、降压、抗肿瘤等作用。

◆ 用法和禁忌

海桐皮能祛风湿、行经络、止疼痛、达病所，尤善治下肢关节痹痛。用治风湿痹痛、四肢拘挛、腰膝酸痛或麻痹不仁，常与薏苡仁、牛膝、五加皮、生地黄等同用，或与丹参、肉桂、附子、防己等配伍。用治疥癣、湿疹瘙痒，可单用或配蛇床子、苦参、土茯苓、黄柏等煎汤外洗或内服。

煎服用量 5 ～ 15 克，或酒浸服；外用适量。

本书编著者名单

编著者 （按姓氏笔画排列）

王丽芝	王剑平	王　辉	王德槟
冯　璐	巩振辉	朱加进	乔延江
向　丽	刘　洋	牟凤娟	劳爱娜
李文君	李　玥	肖小河	吴杰伟
吴毓林	张如意	张应华	张　辉
张瑞英	陈仲良	陈　奕	金　华
孟祥河	胡志刚	洪　然	聂泽龙
高天刚	高　月	郭仰东	唐　亚
彭方仁	彭　华	曾步兵	谢毓元
魏　华			